本书获得国家自然科学基金项目“碳锁定下青藏高原生态空间贫困陷阱对共同富裕的作用机理研究——以青海省为例”（42461034）和青海省“揭榜挂帅”社科重大项目“现代化新青海建设背景下走好生态保护和民生改善双赢之路研究”（JB2301）的资助

青海碳达峰碳中和的策略与路径研究

Research on the Strategy and Path of Carbon Peaking and Carbon Neutrality in Qinghai

胡西武 ◎著

图书在版编目（CIP）数据

青海碳达峰碳中和的策略与路径研究 / 胡西武著 .
北京 ：经济管理出版社，2024. -- ISBN 978-7-5096
-9916-4

Ⅰ. X511

中国国家版本馆 CIP 数据核字 2024GA1044 号

组稿编辑：任爱清
责任编辑：任爱清
责任印制：张莉琼
责任校对：蔡晓臻

出版发行：经济管理出版社
（北京市海淀区北蜂窝 8 号中雅大厦 A 座 11 层 100038）
网 址：www. E-mp. com. cn
电 话：（010）51915602
印 刷：唐山玺诚印务有限公司
经 销：新华书店
开 本：710mm × 1000mm /16
印 张：13.75
字 数：269 千字
版 次：2025 年 2 月第 1 版 2025 年 2 月第 1 次印刷
书 号：ISBN 978-7-5096-9916-4
定 价：88.00 元

联系地址：北京市海淀区北蜂窝 8 号中雅大厦 11 层
电话：（010）68022974 邮编：100038

序

近100年来，地球气候系统正经历着一次以变暖为主要特征的显著变化。当前，全球变暖趋势仍在持续。2015~2022年是有气象观测记录以来最暖的八个年份。2022年全球平均温度是1850年有气象观测记录以来的第六高值，比工业化前水平平均值高出1.13℃。

气候变暖给人类的生存和发展带来的挑战日益严峻，携手应对气候变化已成为全球共识和共同行动。2007年以来，中国发布实施了《应对气候变化国家方案》《国家适应气候变化战略》，并设立200亿元人民币的中国气候变化南南合作基金，为发展中国家应对全球气候变化提供了资金和技术支持。2020年9月，中国作出了“二氧化碳排放力争于2030年前达到峰值，努力争取2060年前实现碳中和”的庄严承诺，并逐步形成了碳达峰碳中和“1+N”政策体系。党的二十大提出，“积极稳妥推进碳达峰碳中和”“积极参与应对气候变化全球治理”；党的二十届三中全会进一步强调，“健全碳市场交易制度、温室气体自愿减排交易制度，积极稳妥推进碳达峰碳中和”。

习近平总书记对青海省生态保护和碳达峰碳中和进程高度关注，强调指出，“青海最大的价值在生态、最大的责任在生态、最大的潜力也在生态，保护好青藏高原生态就是对中华民族生存和发展的最大贡献”“保护好青海生态环境，是‘国之大者’”“希望青海在实现碳达峰方面先行先试”“有序推进重点领域节能降碳，发展生态友好型产业，加快构建新型能源体系”。

青海省地处“地球第三极”，不仅生态系统丰富多样，拥有世界最大面积的高原湿地、高寒草原、灌丛和森林等生态系统，蓝绿空间占比超过70%，被联合国教科文组织誉为世界四大超净区之一；而且生态地位十分特殊，是高海拔地区生物、物种、基因、遗传多样性最集中的地区，北半球气候的敏感区和启动区，是全球生态系统的调节器和稳定器，其水源涵养、生物多样性、土壤保持、防风固沙对全国生态安全非常重要。同时，青海省碳排放总量低、清洁能源储量大、碳汇生态资源丰富，拥有森林、草原、湿地、冻土、冰川等多种固碳资源，是巨大的碳汇盈余地，在抑制二氧化碳上升和全球变暖方面具有重要地位，具有“科学有序推进碳达峰碳中和”的基础条件，“有责任、有基础、有能力为国家‘双碳’目标作出贡献”。

青海省肩负着保障国家生态安全的重大使命，科学有序推进青海省碳达峰碳中和具有重大的战略意义。如何基于青海省特殊的生态、经济、社会结构，探索其实现碳达峰碳中和的内在规律，提出实现路径和应对策略，是一项具有迫切性、长期性、艰巨性的重大任务，需要对此进行系统深入的研究和准确把握。

胡西武教授从青海省特有的生态系统、特殊的生态地位、特别的生态使命出发，立足“三个最大”的省情定位和“三个更加”的战略地位，以青藏高原碳达峰碳中和发展的基本规律为研究对象，阐述青海省科学有序推进碳达峰碳中和的政策内涵，测算青海省全省及各市（州）的碳排放量与固碳量，识别青海省碳排放的驱动因素及作用机理，预测青海省碳排放演化趋势，绘制青海碳达峰碳中和的路线图，结合实际提出青海科学有序推进碳达峰碳中和的应对策略和实现路径。胡西武教授的研究显示，煤炭是青海省碳排放的主要能源品种，工业是碳排放的主要行业部门；畜禽养殖是青海省农业碳排放量增长的主要原因，建材生产阶段和建筑运营阶段是建筑行业碳排放产生的主要阶段，生产链视角下间接碳排放最多的行业为化工业、燃料加工品业以及非金属制品业，消费需求视角下的隐含碳排放最多的部分是出口消费；青海省碳排放与经济增长之间呈现“弱脱钩→强脱钩”阶段性演变特征，零碳生产能力整体较低，但上升趋势和阶段分异明显；三江源国家公园碳储量呈“增加—减少—增加—减少”波动型变化特征；影响碳排放的主要促增和促减因素分别是产出规模和产出碳强度；在零碳产业园建设中地方政府“积极策略”选择概率与园区管委会和驻园企业“积极策略”选择概率正相关；青海省正处于开拓型战略的实力型区域，应采取四种综合性策略科学有序推进碳达峰碳中和。胡西武教授所做的研究数据翔实，论证严密，结论可靠，对策建议可行。

胡西武教授运用经济学、管理学、地理学等多学科的研究方法，探讨了青藏高原碳排放的时空演化规律、驱动因素及作用机制，结合实际提出了青海省科学有序推进碳达峰碳中和的对策建议，进一步丰富了全国碳达峰碳中和的理论研究成果，对青藏高原应对全球气候变化、推进高质量发展、发展新质生产力和建设生态文明高地具有重要的参考价值。

青藏高原碳达峰碳中和的研究还有很多理论问题需要进一步系统深入研究，还有很多实践问题需要进行总结提炼。希望胡西武教授在这一领域继续耕耘，更期盼着能早日看到更多、更优秀的成果问世，更好地服务于青海省碳达峰碳中和工作的开展，助力美丽中国建设。

是为序。

中国社会科学院长城学者
中国社会科学院二级研究员
中国社会科学院大学应用经济学院教授、博士生导师
中国生态经济学学会第九届、第十届理事会副理事长兼秘书长

于法稳

2024 年 8 月 27 日

前　言

“积极稳妥推进碳达峰碳中和”是党的二十大确定的全国“双碳”工作总基调和党的二十届三中全会确定的深化生态文明体制改革重要任务。中国共产党青海省第十四次代表大会进一步提出了“科学有序推进碳达峰碳中和”目标，强调“青海有责任、有基础、有能力为国家‘双碳’目标作出贡献”。科学有序推进碳达峰碳中和因此成为青海省经济社会发展的重大战略和发展任务。阐述青海省科学有序推进碳达峰碳中和的政策内涵，科学测量青海省碳排放量和碳汇量，绘制青海省碳达峰碳中和路线图，结合实际提出青海省科学有序推进碳达峰碳中和的应对策略和实现路径，对推进“六个现代化新青海”建设具有重大意义。

为此，本书在阐述青海省科学有序推进碳达峰碳中和的政策内涵和基本要求的基础上，借助“类 NPP-VIIRS”夜间灯光数据集和 MODIS17A3H 产品 NPP 数据集，采用 IPCC 温室气体清单指南中的方法及 SWOT-AHP 模型，计算 2000~2020 年青海省及各市（州）的碳排放量与固碳量，识别青海省碳排放的驱动因素及作用机理，预测青海省碳排放演化趋势，提出青海省科学有序推进碳达峰碳中和的应对策略和实现路径。

本书的主要结论有：①煤炭是青海省碳排放的主要能源品种，工业是碳排放的主要行业部门。青海省煤炭的碳排放量占碳排放总量的 68.32%，工业碳排放量占比为 74.83%。②从典型行业碳排放来看，畜禽养殖产生的肠道发酵和粪便管理是青海省农业碳排放量增长的主要原因（平均占比达 94.94%），农业经济发展水平和农业生产技术效应对农业碳排放的贡献最大（贡献率分别为 39.40%、-37.45%）；建材生产阶段和建筑运营阶段是青海省建筑行业碳排放产生的主要阶段（占比超过 90%），钢材和水泥生产碳排放量是建材生产阶段中碳排放量的主要构成部分（占比在 70% 以上）；青海省 28 个行业中直接碳排放主要来自金属加工业、化工业以及非金属制品业（占比为 61.23%），生产链视角下的间接碳排放最多的行业为化工业、燃料加工品业以及非金属制品业（占比为 36.14%），消费需求视角下的隐含碳排放最多的部分是出口消费（占比为 40.25%）。③青海省碳排放与经济增长之间的脱钩关系呈现“弱脱钩→强脱钩”阶段性演变。2000~2012 年处于弱脱钩状态；2013 年以后处于强脱钩状态。④青海省零碳生产能力整体较低，但上升趋势和阶段分异明显。零碳能源生产能力指数 λ 平均值为0.31，2000~2012年λ平均值为0.26，2013~2020年λ平均值为0.38。⑤1990~2020年三江源国家公园碳储量呈“增加—减少—增加—减少”波动型变化特征，总体上碳储量增加了41.85万吨；植被覆盖度（FVC）、土壤类型、年降水量是影响三江源国家公园碳储量时空分异的主要驱动因子（平均q值分别为0.286、0.282、0.211）。⑥青海省经济增长和能源生产“碳双脱钩”水平受多个因素影响，其中经济规模和投资规模具有显著的负向影响，能源使用效率和城镇化水平具有显著的正向作用。⑦影响碳排放的主要促增和促减因素分别是产出规模和产出碳强度。2000~2020年产出规模对青海省年均碳排放促增效应为1024万吨，产出碳强度平均碳排放促减效应为–292万吨。⑧青海省总体净碳效率总体呈现下降趋势，经济系统效率最优，生态系统效率次之，总体效率水平较低，产业结构、能源效率和财政依存度对净碳效率具有显著的负向影响。⑨三种不同情景下青海省碳达峰路径差异较大。在基准情景下，2035年，青海省碳排放值将超过2016年，形成新的峰值，即6786万吨。在绿色发展情景和技术突破情景下，两者的碳排放量分别在2030年和2025年达到一个次高峰，但均低于2016年的碳排放量。⑩在零碳产业园建设中，地方政府“积极策略”选择概率与园区管委会和驻园企业“积极策略”选择概率正相关；延迟决策会导致三方主体采取“积极策略”的速度初期较慢；随机扰动会使三方主体采取“积极策略”后仍无法保持稳定。⑪青海省正处于开拓型战略的实力型区域，应采取四种综合性策略科学有序推进碳达峰碳中和。

本书的创新之处主要有以下四点：①全面阐述了青海省科学有序推进碳达峰碳中和的政策内涵、本质特征、核心要义和总体要求，在预测趋势的基础上绘制了青海省碳达峰碳中和路线图。②用较为成熟的方法，全面测算了青海省的碳排放量和碳汇量，探讨了碳收支时空演化规律，并分析了青海省净碳效率驱动因素和作用机理。③以零碳产业园建设为例，研究了政府、企业和园区等利益主体在推进碳达峰碳中和中的行为策略选择，并结合实际构建协调推进机制。④量化分析青海省科学有序推进碳达峰碳中和的发展战略，从能源供应端、能源消费端和人为固碳端提出实现“双碳”目标的实施路径。

本书的应用价值体现在探讨了青海省特定的生态、经济、社会结构中的碳达峰碳中和的内在规律及科学有序推进的应对策略和实现路径。通过探寻青海省碳排放的驱动因子和演化规律，提出了青海省科学有序推进碳达峰碳中和的对策建议，可以为青海省应对全球气候变化、推进高质量发展、发展新质生产力、打造生态文明高地提供决策依据。

由于研究方法所限及不可预见因素，本书测算的碳排放量、碳汇量、预测结果以及“双碳”目标的实现路径和时间节点，可能与实际不完全相符。这也是笔者今后需要深入研究的方向和进一步解决的问题。

由于时间比较仓促，再加上笔者水平有限，疏漏之处在所难免，期待读者多提宝贵意见。谢谢。

2024 年 8 月 17 日

目录

第一章　绪　论 …… 001

第一节　研究背景 …… 001

一、全球气候变暖已经成为世界各国的重大挑战，积极稳妥推进碳达峰碳中和是我国应对气候变化和发展新质生产力的重大要求 …… 001

二、如期实现碳达峰碳中和已成为我国生态文明建设和经济结构转型的重大任务，是青海建设青藏高原生态文明高地的战略举措 …… 002

三、青海省碳排放总量低、清洁能源储量大、碳汇生态资源丰富，有基础、有条件、有责任在碳达峰碳中和方面作出青海贡献 …… 002

第二节　文献综述 …… 003

一、碳达峰的相关研究 …… 003

二、碳中和的相关研究 …… 004

三、碳达峰碳中和目标的相关研究 …… 004

四、青海绿色低碳发展的相关研究 …… 004

五、文献述评 …… 005

第三节　研究意义 …… 005

第四节　研究内容 …… 006

一、研究对象 …… 006

二、研究内容 …… 006

三、重点难点 …… 008

第五节　主要目标 …… 009

第六节　可能的创新点 ………………………………………………………… 009

第二章　基本概念和理论基础 …………………………………………………… 011
第一节　基本概念 …………………………………………………………… 011
一、碳排放量 ………………………………………………………………… 011
二、固碳量 …………………………………………………………………… 012
三、碳达峰与碳中和 ………………………………………………………… 012
四、碳收支 …………………………………………………………………… 013
五、碳脱钩 …………………………………………………………………… 013
六、净碳效率 ………………………………………………………………… 013
七、贸易隐含碳 ……………………………………………………………… 014
第二节　理论基础 …………………………………………………………… 014
一、生态文明建设理论 ……………………………………………………… 014
二、低碳经济理论 …………………………………………………………… 015
三、生态经济理论 …………………………………………………………… 016
四、绿色效率理论 …………………………………………………………… 016
五、区域协调发展理论 ……………………………………………………… 017
第三节　研究方法 …………………………………………………………… 017
一、碳排放量测算的研究方法 ……………………………………………… 017
二、碳排放驱动因子的识别方法 …………………………………………… 022
三、碳排放达峰时间节点预测方法 ………………………………………… 023
四、碳中和的相关研究方法 ………………………………………………… 024
五、碳达峰碳中和可行性分析方法（SWOT-AHP 模型）·· 027
第四节　研究框架 …………………………………………………………… 027

第三章　青海省科学有序推进碳达峰碳中和的总体要求 …………………… 029
第一节　科学有序推进碳达峰碳中和的时代动因 ………………………… 029
一、应对全球气候变化成为世界各国的共同行动 ………………………… 029
二、我国政府应对气候变化的积极响应和重大努力 ……………………… 030
三、青海省绿色低碳发展的多年实践探讨与创新积累 …………………… 030
第二节　科学有序推进碳达峰碳中和的重大意义 ………………………… 031
一、科学有序推进碳达峰碳中和是青海省生态报国生态立省的政治宣言 ……………………………………………………………… 031

二、科学有序推进碳达峰碳中和是青海省绿色低碳经济转型的强大动力 …… 032
三、科学有序推进碳达峰碳中和是青海省发展新质生产力的有力抓手 …… 032
四、科学有序推进碳达峰碳中和是青海省生态文明体制改革的进军号角 …… 032
五、科学有序推进碳达峰碳中和是青海省增进生态民生福祉的坚强保障 …… 032
第三节　科学有序推进碳达峰碳中和的政策内涵 …… 033
一、坚定不移推进碳达峰碳中和 …… 033
二、科学有序推进碳达峰碳中和 …… 033
三、为全国碳达峰碳中和作出青海贡献 …… 034
第四节　科学有序推进碳达峰碳中和的基本要求 …… 034
一、科学有序推进碳达峰碳中和的总体要求 …… 035
二、科学有序推进碳达峰碳中和的本质特征 …… 035
三、科学有序推进碳达峰碳中和的核心要义 …… 036
四、科学有序推进碳达峰碳中和的有效渠道 …… 036
五、科学有序推进碳达峰碳中和的基本保障 …… 037

第四章　青海省碳排放的驱动因素及作用机制 …… 038
第一节　青海省主要行业终端能源消费碳排放量 …… 038
第二节　青海省分行业能源碳排放量 …… 041
第三节　青海省各市（州）碳排放量 …… 042
第四节　青海省零碳能源生产能力 …… 043
第五节　青海省碳排放量发展趋势 …… 044
第六节　青海省碳排放的驱动因子及作用机制 …… 045
第七节　青海省碳脱钩影响因素实证分析 …… 047
一、模型构建 …… 047
二、数据平稳性检验 …… 048
三、OLS 回归分析 …… 049

第五章　青海省典型行业碳排放及影响因素 …… 053
第一节　青海省农业碳排放驱动因素及脱钩效应 …… 053

一、数据来源 …… 054
二、青海省农业碳排放特征及净碳效应 …… 054
三、青海省农业碳排放的驱动因素 …… 056
四、青海省农业碳排放与经济增长脱钩状况 …… 057
五、青海省农业碳排放量预测 …… 058
第二节　青海省建筑业碳排放演化特征及减排策略 …… 059
一、数据来源 …… 059
二、青海省建筑业碳排放总体特征 …… 060
三、青海省建材准备阶段碳排放特征 …… 061
四、青海省建筑施工阶段碳排放特征 …… 062
五、青海省建筑运营阶段碳排放特征 …… 063
六、青海省建筑行业碳排放的影响因素 …… 065
第三节　青海省行业隐含碳排放及碳减排潜力 …… 067
一、数据来源 …… 067
二、基于能源消费的直接碳排放量 …… 068
三、生产链视角的隐含碳排放量 …… 069
四、消费需求视角的隐含碳排放量 …… 071
五、碳减排潜力 …… 071

第六章　青海省碳储量时空变化及驱动力
——以三江源国家公园为例 …… 075
第一节　研究区概况和数据来源 …… 075
第二节　参数设定 …… 077
一、PLUS 模型参数 …… 077
二、InVEST 模型参数 …… 078
三、Geodector 模型参数 …… 080
第三节　结果与分析 …… 080
一、1990~2020 年三江源国家公园碳储量时间变化特征 …… 080
二、1990~2020 年三江源国家公园碳储量空间变化特征 …… 083
三、1990~2020 年三江源国家公园碳储量时空分异驱动力分析 …… 085
四、不同情景下 2030 年三江源国家公园碳储量预测 …… 088
五、有关讨论 …… 091

第七章 青海省净碳效率及影响因素 …… 092
第一节 青海省净碳效率测算模型 …… 092
一、两阶段 SBM 模型 …… 092
二、变量选取与数据来源 …… 094
第二节 青海省净碳效率测算结果 …… 096
一、青海省净碳效率整体概况 …… 096
二、青海省净碳效率演进趋势 …… 097
三、青海省净碳效率空间差异 …… 100
第三节 青海省净碳效率影响因素分析 …… 101
一、面板计量模型构建 …… 101
二、理论基础与变量选取 …… 103
三、实证结果分析 …… 107

第八章 青海省碳达峰碳中和中利益主体的行为策略
——以青海零碳产业园区建设为例 …… 113
第一节 青海零碳产业园区规划建设概况 …… 113
第二节 利益主体演化博弈模型构建 …… 114
一、基本假设 …… 114
二、收益矩阵 …… 116
第三节 利益主体行为稳定策略分析 …… 117
一、各主体复制动态方程及稳定策略 …… 117
二、三方主体综合分析 …… 119
三、三方主体综合稳定策略分析 …… 120
第四节 利益主体行为数值仿真与分析 …… 121
一、延迟决策的影响 …… 121
二、随机扰动的影响 …… 122
三、初始概率的影响 …… 124
四、碳绩效考核及碳交易的影响 …… 124
五、地方政府财税支持力度的影响 …… 125
第五节 利益主体行为策略启示 …… 126

第九章 青海省实现碳达峰碳中和的时间节点和演化趋势 …… 128
第一节 青海省碳达峰演化趋势 …… 128

一、基准情景 …… 129
二、绿色发展情景 …… 129
三、技术突破情景 …… 130
第二节　青海省固碳情况 …… 132
第三节　青海省碳收支情况对比 …… 134
第四节　青海省碳达峰碳中和路线图 …… 135

第十章　青海省科学有序推进碳达峰碳中和的应对策略 …… 138
第一节　青海省科学有序推进碳达峰碳中和的内部优势 …… 138
一、近年来青海省碳排放量呈下降趋势 …… 138
二、青海省碳汇储量较大 …… 139
三、青海省清洁能源占比较高 …… 139
四、全省绿色低碳产业转型取得积极成效 …… 140
五、青海省生态文明建设体制初步形成 …… 140
第二节　青海省科学有序推进碳达峰碳中和的内部劣势 …… 140
一、青海省高能耗高排放项目有一定比例 …… 140
二、青海省碳排放强度仍然较高 …… 141
三、青海省绿色低碳产业支撑力不足 …… 141
四、青海省生态产品价值转化机制尚不健全 …… 141
五、农牧民生计对资源的依赖性仍然较高 …… 142
第三节　青海省科学有序推进碳达峰碳中和的外部机遇 …… 142
一、世界各国积极推动碳达峰碳中和 …… 142
二、我国已建立了“1+N”的“双碳”政策体系 …… 143
三、我国已建立碳交易市场体系 …… 143
四、中央转移支付对“双碳”的投入较大 …… 143
五、发达国家/地区已有碳达峰碳中和成功经验 …… 144
第四节　青海省科学有序推进碳达峰碳中和的外部挑战 …… 144
一、局部地区军事冲突导致全球“双碳”发展前景不确定 …… 144
二、对外贸易环境不确定导致国际“双碳”合作出现曲折 …… 145
三、我国实现“双碳”目标的科学技术支撑能力相对薄弱 …… 145
四、国内碳达峰碳中和的体制机制尚不完善 …… 145
五、社会风险对“双碳”进程的潜在影响不容忽视 …… 146
第五节　SWOT-AHP 模型验证 …… 146

一、结构模型设立 …… 146
二、判断矩阵构建 …… 148
三、SWOT 战略四边形与方位角 …… 151

第十一章 青海省科学有序推进碳达峰碳中和的路径选择 …… 153
第一节 青海省科学有序推进碳达峰碳中和的发展策略 …… 153
一、优先发展 SO 实力型策略 …… 153
二、重点推进 ST 进取型策略 …… 153
三、持续巩固 WO 进取型策略 …… 154
四、逐步强化 WT 调整型策略 …… 154
第二节 青海省科学有序推进碳达峰碳中和的重点任务 …… 154
一、坚持碳减排与碳增汇协调推进 …… 154
二、抓住能源清洁化和高效化这个关键 …… 155
三、有序推进六个重点领域碳达峰行动 …… 155
四、强化碳达峰碳中和的科学技术支撑 …… 156
五、做好碳达峰碳中和的组织保障 …… 156
第三节 青海省科学有序推进碳达峰碳中和的实施路径 …… 157
一、加快碳减排约束下的产业转型，构建低碳经济体系 … 157
二、优化低碳值能源消费结构，持续提升清洁能源比重 … 157
三、探索碳标签改革试点，引导形成绿色低碳生活方式 … 157
四、丰富碳储量生态资源，全面提升生态系统碳汇能力 … 158
第四节 发展新质生产力助推青海碳达峰碳中和的对策建议 … 158
一、建设高水平国家清洁能源产业高地，为全国新质生产力发展提供充足清洁能源 …… 158
二、打造青海绿色算力基地，为“东数西算”国家布局提供绿色算力服务 …… 158
三、建设智能化世界级盐湖基地，全面提升强盐湖产业国际竞争力和影响力 …… 159
四、建设传统产业转型示范基地，积极培育战略性新兴产业和未来产业 …… 159
五、建成碳汇净盈余输出地，为全国碳中和提供充足的减碳增汇支持 …… 160

第十二章　结论与展望 ········ 161
第一节　研究结论 ········ 161
第二节　研究展望 ········ 163
一、存在的不足 ········ 163
二、研究展望 ········ 164

参考文献 ········ 165

附　录 ········ 183
附录一　青海省各市（州）经济系统与生态系统效率 ········ 183
附录二　《青海省科学有序推进碳达峰碳中和可行性评价体系》专家咨询函 ········ 185
附录三　青海省推进碳达峰碳中和典型案例 ········ 190

后　记 ········ 201

第一章

绪　论

党的二十大报告提出，“积极稳妥推进碳达峰碳中和”。这是以习近平同志为核心的党中央统筹国内国际两个大局作出的重大决策部署。青海省委省政府全面贯彻落实习近平总书记对青海省碳达峰碳中和工作的重要指示批示精神，在第十四次党代会上结合实际，提出了“科学有序推进碳达峰碳中和”的奋斗目标和“有基础、有条件、有责任在碳达峰碳中和方面作出青海贡献”的科学判断。本书立足于“三个最大”省情定位和“三个更加重要”战略地位，围绕科学有序推进碳达峰碳中和，分析青海省碳达峰碳中和的发展规律，提出应对策略和实施路径。为此，本章重点介绍了研究背景、研究内容和研究目标，总结了可能的创新点。

第一节　研究背景

一、全球气候变暖已经成为世界各国的重大挑战，积极稳妥推进碳达峰碳中和是我国应对气候变化和发展新质生产力的重大要求

近 100 年来，地球气候系统正经历着一次以变暖为主要特征的显著变化。过去 40 年中的每 10 年都连续比之前任何 10 年更暖。有研究表明，近 50 年来气候变暖主要由人类活动造成的。在 20 世纪 70 年代末的第一次世界气候大会上，应对气候变化开始成为全球的重要话题。40 多年来，世界各国政府、企业、居民采取多种措施积极应对气候变化。中国政府也作出了积极响应和重大

努力。党的二十大报告强调，“积极稳妥推进碳达峰碳中和，……积极参与应对气候变化全球治理”。党的二十届三中全会进一步强调，“健全碳市场交易制度、温室气体自愿减排交易制度，积极稳妥推进碳达峰碳中和”。积极稳妥推进碳达峰碳中和（以下简称“双碳”），在积极参与应对气候变化全球治理和推动国际生态安全合作中贡献中国力量，是体现中国国际担当和应对全球气候变化的重大举措。同时通过“双碳”目标实施，倒逼产业绿色低碳转型，推动核心关键技术突破，促进全要素生产率提升，可以有力促进我国新质生产力发展。

二、如期实现碳达峰碳中和已成为我国生态文明建设和经济结构转型的重大任务，是青海建设青藏高原生态文明高地的战略举措

2020 年 9 月，我国作出“2030 年前实现碳达峰、2060 年碳中和”的目标后，2021 年 9 月，党中央、国务院下发了《关于完整准确全面贯彻新发展理念做好碳达峰碳中和工作的意见》（中发〔2021〕36 号），同年 10 月，国务院制定《2030 年前碳达峰行动方案》（国发〔2021〕23 号）。如期实现碳达峰碳中和已成为我国经济社会发展大局的重大战略，也成为青海省建设青藏高原生态文明高地的“先手棋”和“重头戏”。2021 年 3 月，习近平在参加十三届全国人大四次会议青海代表团审议时指出，“青海对国家生态安全、民族永续发展负有重大责任，必须承担好维护生态安全、保护三江源、保护‘中华水塔’的重大使命，对国家、对民族、对子孙后代负责”。2020 年 12 月，中共青海省委第十三届九次全会提出了“力争在全国率先实现碳达峰碳中和”目标；2021 年 7 月，中共青海省委第十三届十次全会制定了“创建全国碳达峰碳中和先行区”行动方案；2022 年 5 月，中国共产党青海省第十四次代表大会要求“科学有序推进碳达峰碳中和”，为建设“六个现代化新青海”作贡献。

三、青海省碳排放总量低、清洁能源储量大、碳汇生态资源丰富，有基础、有条件、有责任在碳达峰碳中和方面作出青海贡献

2021 年 6 月，习近平总书记在青海调研时强调：“保护好青海生态环境，是‘国之大者’”。青海省碳排放总量低、清洁能源储量大、碳汇生态资源丰富。青海的草原面积占全国草原面积的 10.73%，森林面积占全国的 1.41%；湿地总面积占全国的 15.19%，居全国首位；风能资源和太阳能资源分别占全国储量的

94% 和 11%，光热资源和水电资源理论蕴藏量分别居全国第二位和第五位，清洁电力消纳占比达 81%，远高于全国平均水平，具有提前实现“双碳”目标的基础条件和独特优势，应当在科学有序推进碳达峰碳中和中贡献青海力量，在绿色低碳发展中走在全国前列。青海拥有森林、草原、湿地、冻土、冰川等多种固碳资源，是巨大的碳汇盈余地。森林碳汇潜力预估每年在 3000 万吨，天然草场面积超过 6 亿亩、植被碳库占比居于全国前列，湿地生态系统固碳总量全国第一，土壤生物碳储量达到 267 亿吨，青藏高原多年冻土区土壤有机碳储量达到 1600 亿吨，冰川碳固功能十分突出，在抑制二氧化碳上升和全球变暖方面具有重要地位。为此，中国共产党青海省第十四次代表大会提出了“科学有序推进碳达峰碳中和”的目标，强调“青海清洁能源发展优势明显，生态固碳增汇潜力巨大，有责任、有基础、有能力为国家‘双碳’目标作出贡献”。同时着眼于服务全国“双碳”目标，青海省人民政府、国家能源局制定了《青海打造国家清洁能源产业高地行动方案（2021–2030 年）》（青政〔2021〕36 号），并作出了建设生态友好的现代化新青海的全面部署。

第二节 文献综述

目前，关于碳排放问题的研究主要集中于碳减排政策研究、碳减排技术研究、碳减排的能源研究、绿色增长与碳减排研究、低碳情景分析方法研究、家庭消费与低碳减排研究等方面。

一、碳达峰的相关研究

由于西方发达国家较早实现了碳达峰，近年来国外碳达峰问题研究较少。而我国是碳排放量的最大经济体，碳达峰问题得到了学术界较多关注。学者采用模型分析（STIRPAT 模型、IPAT 模型）与情景分析相结合的方法，对我国实现碳达峰面临的挑战、达峰时间和水平、实现路径以及碳排放与区域发展的关系进行了研究。从行业来看，主要集中于重化工行业、建筑业、水泥工业、电力行业、制造业的碳排放峰值预测分析。从区域来看，主要集中于发达地区如京津冀、长三角和珠三角地区。另外，也有学者从部门层面研究碳排放峰值。部分学者开展了碳达峰对潜在经济发展、能源供应链、企业持续盈利、居民收入、需求结构，以及中国式现代化、新质生产力、税收政策等对碳达峰进程的作用路径研究。

二、碳中和的相关研究

国内外学者对碳中和问题的研究内容主要包括实现碳中和面临的挑战及其实现路径、城市规划中的碳中和问题、航空业中的碳中和相关问题。我国碳中和问题的研究主要体现在可再生能源、核能和碳捕捉对中国实现碳中和的作用、碳中和的能源问题、碳中和视角下的区域生态补偿问题、中国污水处理厂碳中和潜力评价、碳中和目标下建筑业二氧化碳排放量预测分析、中国各省碳中和能力评价等方面。近年来，一些学者围绕中国碳达峰碳中和工作面临的形势与开局思路、不同情景下碳中和路径预测、中国碳中和愿景的经济技术路径和政策选择，数字技术、碳金融、技术创新赋能碳中和机理，以及实现碳中和对高质量发展、能源转型和就业增收的作用路径等内容开展了多方面研究。

三、碳达峰碳中和目标的相关研究

目标管理理论由 Drucker（1954）提出，后经 Odiorne（1965）进一步发展，20 世纪 70 年代后开始在公共管理部门得到应用。1980 年后，目标管理理论引入我国，成为我国公共部门中应用最为广泛的管理方法之一。近年来，目标管理理论广泛用于我国企业管理、经济管理、教育管理、政府管理等领域。一些学者围绕“双碳”目标开展了减排技术投资策略、工业园区减污降碳、减碳目标情景模拟等多方面研究。柴麒敏等（2015）开展了中国碳排放峰值目标实现路径和重点行业碳排放总量控制目标及政策研究；张慧等（2018）开展了城市碳排放效率及影响因素研究。张攀（2021）从目标分解、数据核算、目标仿真、目标激励四个方面提出了中国碳排放目标管理体系框架，在此基础上一些学者围绕实现“双碳”目标开展了预算绩效管理、生态系统管理、自然资源管理等研究。

四、青海绿色低碳发展的相关研究

自 2008 年青海正式确立“生态立省”战略以来，青海生态保护、绿色发展、低碳经济成为研究热点。学者围绕太阳能开发利用、草地 CO_2 排放、生活碳排放、交通碳排放、土地利用碳效应、土壤碳汇潜力、土壤有机碳分布、森林碳密度分布、碳汇及碳交易、产业发展与碳排放关系、绿色发展水平评价、生态补偿、生态文明先行区建设、绿色经济发展战略、生态强省建设开展了广泛研究，取得了丰硕的成果。陈刚等（2024）强调，要走好绿色低碳发展“新赛道”打造国家清洁能源产业新高地。信长星（2022）提出，要科学有序推进碳达峰碳中和。王建军（2020，2021）强调，青海要坚决扛起保护生态环境政治责任，建设人与自然和谐共生的现代化和青藏高原生态文明治理体系的现代化；苏杨（2021）建议青海率先建设国家公园品牌增值体系；柴麒敏（2021）分析了青海率先实现碳达峰碳中和的战略意义及努力方向；胡西武等（2021）测算了青海碳排放量和经济碳脱钩水平；王礼宁（2022）提出了双碳背景下青海打造清洁能源产业高地的难点与破解路径；杨锐（2021）提出了青海打造国际生态文明高地的对策建议；史培军（2021）评估了青海生态环境价值并建议发展青海大生态产业；孙发平和王礼宁（2021）、王淑捷和陈文捷（2021）提出了青海实现“双碳”目标的相关对策建议；孟浩等（2021）、杨皓然（2019）、毛旭锋等（2019）、马洪波（2017）研究了青海清洁能源发展、三江源地区生态经济协调性、湿地公园湿地恢复、生态保护与发展路径、青海生态建设实践等问题。

五、文献述评

上述国内外学者对碳达峰碳中和问题的研究，为本研究提供了理论依据和方法支持，但是青海省地处“地球第三极”，具有特殊的高原生态系统，肩负重大的生态安全使命，整体处于工业化中期阶段，脱贫攻坚任务完成不久，这种特定的生态、经济、社会结构中的碳达峰碳中和的内在规律和科学推进的实现路径，以及青海在中国式现代化建设中如何为全国“双碳”目标做出特殊贡献等问题，迫切需要进行深入研究和准确把握。

第三节 研究意义

青海省地处“地球第三极”，是“三江源头”“中华水塔”“亚洲水源”，是青藏高原生态屏障的主体。青海省经济脱碳能力、零碳能源生产能力以及碳达峰演化路径直接关系到生态优势发挥、生态价值实现和生态潜力挖掘。青海省碳达峰碳中和内外影响因素有哪些？作用机理是什么？如何科学确定青海碳达峰碳中和时间节点？怎样准确绘制青海碳达峰碳中和路线图？青海碳达峰碳中和目标实现有哪些困难？现实路径怎么去走？等等。回答这些重大问题，开展青海省科学有序推进碳达峰碳中和研究，对于维护国家生态安全、建设青藏高原生态文明高地、实现青海高质量发展、推动青海社会主义现代化建设，意义十分重大，主要体现在以下两个方面：

（1）在理论上可以丰富青藏高原生态文明建设理论、生态脆弱区高质量发展理论和民族地区可持续发展理论的研究层次和研究成果。

（2）在实践上可以为青海省应对全球气候变化、建设产业“四地”、发展新质生产力和推进生态文明高地建设提供科学的决策依据。

第四节　研究内容

一、研究对象

本书旨在探讨青海省碳排放和碳中和的发展规律，识别青海省碳排放的驱动因子，测算青海省碳收支水平及净碳效率并分析其影响因素和作用机理，揭示青海省碳达峰碳中和的演化趋势，绘制青海省碳达峰碳中和路线图和时间表，论证青海省科学有序推进碳达峰碳中和的可行性，探讨青海省碳达峰碳中和的实现路径。

二、研究内容

（一）立足青海省特殊生态地位和重大生态责任，阐述科学有序推进碳达峰碳中和的重大意义

全面贯彻习近平生态文明思想，完整准确全面贯彻新发展理念，立足“三个最大”省情定位，着眼“国之大者”，从青海省特殊的生态安全、国土安全、资源能源安全地位出发，阐述青海率先实现碳达峰碳中和对于实施生态报国战略、推动经济结构转型、深化生态体制改革、增进民生生态福祉的重大意

义，尤其是通过探索生态地位特殊、生态系统脆弱、经济发展滞后的民族地区碳达峰碳中和的路径，为推动全国实现碳达峰碳中和提供示范样本、作出青海贡献。

（二）抓住青海省碳排放碳储存等关键环节，阐释科学有序推进碳达峰碳中和的基本要求

正确把握碳达峰碳中和以发展方式转变为核心的经济社会变革特质，准确理解碳达峰碳中和削峰发展内涵和低碳发展本质，围绕经济体系、能源结构、产业比重等重点问题以及碳排放、碳储存等关键环节，从总体要求、本质特征、核心要义、基本保障、技术手段等方面着手，全面系统阐释青海省科学有序推进碳达峰碳中和的具体要求。

（三）测算青海省全省及典型行业碳排放量并查找主要驱动因子，分析全省碳脱钩水平演化特征

采用 IPCC 温室气体清单指南中基于能源消费部门的温室气体核算办法，计算青海省 2000~2020 年消费终端碳排放量。同时分类计算建筑行业、农业排放量以及隐含碳排放量。在此基础上运用广义迪氏指数分解法（GDIM），分析碳排放的主要驱动因子及作用机理。同时采用 Tapio 模型测算青海省碳脱钩水平，并分析其演化趋势。

（四）识别青海碳排放碳吸收的主要驱动因子，绘制全省推进碳达峰碳中和的路线图和时间表

在全面测算青海省 2000~2020 年消费终端碳排放量，识别碳排放的主要驱动因子及作用机理的基础上，以三江源国家公园为例分析其碳储量时空演化趋势，并运用 LEAP 模型分三种不同减排情景，预测碳排放趋势和碳达峰路径，测算碳汇量，综合考虑脱碳发展、零碳能源和负排放技术，分析净碳收支影响因素，绘制青海省碳达峰碳中和的路线图和时间表。

（五）结合青海外部发展环境和内部资源特色，确定科学有序推进碳达峰碳中和的总体目标

运用 SWOT-AHP 模型，从青海省内部优势和劣势、外部机遇与挑战四个方面，全面分析青海排放少、占比低、生态资源丰富和清洁能源充足的优势，单位能耗较高、脱碳能力不足和清洁生产有限的劣势，以及进入新发展阶段、贯彻新

发展理念、构建新发展格局的机遇和时间紧、任务重、压力大的挑战，在综合评价基础上，提出青海省有序推进碳达峰碳中和的总体目标。

（六）挖掘青海低碳发展潜能和碳汇储备优势，探寻科学有序推进碳达峰碳中和的实现路径

根据青海省碳排放的主要驱动因子和碳吸收利用储存的关键要素，结合自身资源要素禀赋，挖掘绿色低碳发展潜能，发挥碳汇资源储量丰富优势，从能源供应端、能源消费端和人为固碳端三个方面着手，在构建绿色低碳经济体系、持续提升清洁能源比重、形成减碳降碳激励体制机制、全面增强生态系统碳汇能力等方面，提出青海减碳、固碳、化碳切实可行的对策建议。

三、重点难点

（一）研究重点

（1）青海省科学有序推进碳达峰碳中和的总体目标如何确定？有什么依据？需要在准确测算青海省碳排放量并做科学预测的基础上，结合实际情况确定青海省科学有序推进碳达峰碳中和的总体目标。

（2）青海省科学有序推进碳达峰碳中和总体目标的影响因素有哪些？各因素之间的作用机理又是什么？需要采用科学的研究方法，识别青海省科学有序推进碳达峰碳中和总体目标的影响因素并分析其内部作用机理。

（3）青海省科学有序推进碳达峰碳中和的有效措施有哪些？现实路径在哪里？从青海省实际出发，结合净碳收支的主要影响因素及作用机理，在新质生产力背景下，提出青海省科学有序推进碳达峰碳中和的对策建议。

（二）研究难点

（1）如何准确识别青海省碳排放作用机理的驱动因子和科学探讨其作用机理？需要选取可靠的数据，运用科学的方法，准确识别青海省碳排放的驱动因子，并探讨其内在的作用机理。

（2）如何绘制青海省科学有序推进碳达峰碳中和的路线图和时间表？需要根据青海省碳收支情况，根据预测结果，按照不同情景，结合实际，绘制青海省科学有序推进碳达峰碳中和的路线图和时间表。

第五节 主要目标

本书的研究目标主要有以下四个：

（1）科学测算青海省碳达峰碳中和的时间节点，绘制青海省碳达峰碳中和路线图。采用 IPCC 温室气体核算办法，计算青海省及典型行业碳排放量和碳汇量，在此基础上预测发展趋势并绘制青海省碳达峰碳中和路线图和时间表。

（2）准确识别青海省“双碳”目标的主要影响因素，分析因子间的相互作用机理。运用广义迪氏指数分解法（GDIM）和两阶段 SBM 模型，分析青海省碳排放的主要驱动因子及作用机理以及净碳收支的影响因素和作用路径。

（3）合理分析青海科学有序推进碳达峰碳中和的优势、劣势和机遇、挑战。运用 SWOT-AHP 模型和演化博弈模型，从内部优势和劣势、外部机遇与挑战四个方面，提出青海积极稳妥推进碳达峰碳中和的应对策略并构建行为协调机制。

（4）挖掘低碳发展潜能和碳汇储备优势，探讨积极稳妥推进碳达峰碳中和实现路径。根据碳排放主要驱动因子和碳吸收利用储存的关键要素，根据新质生产力发展要求，结合自身资源要素禀赋，提出青海省减碳固碳化碳的对策建议。

第六节 可能的创新点

本书涉及能源资源管理、生态环境保护与经济发展转型等多个领域，旨在揭示青海省特定的生态、经济、社会结构中的碳排放碳吸收的内在规律以及碳达峰碳中和的实现路径，在理论上探讨了青藏高原碳排放的驱动因子和演化规律，阐述了青海省科学有序推进碳达峰碳中和的可行性和现实性，在实践上提出了青海省先行实现碳达峰碳中和的对策建议，为建设青藏高原生态文明高地提供决策参考。其创新之处主要有以下四点：

（1）阐述了碳达峰碳中和总体要求，绘制了青海省“双碳”路线图。全面阐述了青海省科学有序推进碳达峰碳中和的政策内涵、本质特征、核心要义和总体要求，在预测趋势的基础上绘制了青海省碳达峰碳中和路线图。

（2）探讨了青海省碳收支的演化规律，分析了驱动因素和作用机理。采用较为成熟的方法，全面测算了青海省的碳排放量和碳汇量，探讨了碳收支时空演化规律，并分析了青海省净碳效率驱动因素和作用机理。

（3）研究了利益主体在推进碳达峰碳中和中的行为策略和协调机制。以零碳产业园建设为例，研究了政府、企业和园区等利益主体在推进碳达峰碳中和中的行为策略选择，并结合实际构建协调推进机制。

（4）提出了青海省科学有序推进碳达峰碳中和的发展战略和实施路径。量化分析青海省科学有序推进碳达峰碳中和的发展战略，从能源供应端、能源消费端和人为固碳端提出实现“双碳”目标的实施路径。

第二章

基本概念和理论基础

碳达峰碳中和涉及碳排放、固碳量、碳收支、碳脱钩、碳效率等基本概念，以及生态文明建设理论、低碳经济理论、生态经济理论、绿色效率理论、区域协调发展理论等多种理论。本章界定了相关概念，阐述了相关理论，介绍了研究方法，并形成了本书的研究框架，为进一步开展研究奠定了基础。

第一节　基本概念

一、碳排放量

碳排放在广义上是指人类生产经营活动过程中向外界排放的全部温室气体，而在狭义上仅特指二氧化碳排放总量的多少。联合国政府间气候变化专门委员会（Intergovernmental Panel on Climate Change，IPCC）温室气体清单指南中将碳排放源划分为能源活动碳排放、工业生产碳排放、农业生产碳排放、土地利用变化碳排放、林业碳排放以及城市废弃物处理碳排放六个方面，主要提供了二氧化碳（CO_2）、甲烷（CH_4）和氧化亚氮（N_2O）三种温室气体排放量的估算方法。联合国环境署发布的《2020 年排放差距报告》指出，化石燃料碳排放占全球温室气体排放的 65%。IPCC 评估报告表明，能源和工业碳排放达到总碳排放的 60%~80%，而在所有温室气体来源中 CO_2 的占比最高。目前，世界上已经有 57 个国家实现了碳达峰或作出达峰承诺，不同国家的碳达峰目标中对碳排放的界定又有所不同。2020年，习近平主席在第75届联合国大会一般性辩论会上宣布“中国将采取更加有力的政策措施，二氧化碳排放力争于2030年前达到峰值，努力争取2060年前实现碳中和”的目标，此处的碳排放仅特指二氧化碳排放。而美国、欧盟、日本等发达国家和地区在《联合国气候变化框架公约》的碳减排自主贡献中，均以温室气体减排作为碳达峰的目标，将碳排放扩展至更广泛的概念。考虑到可持续发展原则和青海省经济发展的实际，本书采用二氧化碳排放量来衡量青海省的碳排放状况。

二、固碳量

“碳汇”这一概念来源于1997年通过的《京都议定书》，一般是指从空气中清除二氧化碳的过程、活动和机制。而固碳量是指生态经济系统中能够吸收和储存二氧化碳数量的多少。李双成和张雅娟（2022）指出，陆地生态系统是CO_2等温室气体的源与汇，生态系统向大气释放CO_2的过程是为碳源，净吸收大气CO_2的过程是为碳汇。碳收支是一个复杂的动态过程，整体碳汇地区内可能管辖着碳源地区，而整体碳汇生态系统内也可能存在碳源子系统。在不同时期内，碳源和碳汇之间可能会出现双向转化的现象。刘凤等（2021）的研究表明，2000~2015年青海省植被整体属于碳汇，从时间演变来看，由于气候和降水等因素影响，2000年土壤呼吸排放碳量大于植被固定碳量而起到碳源作用，随着气候条件改善才逐渐由碳源向碳汇转化；从空间分布来看，青海高原植被NEP空间分布格局呈西北向东南逐步增加趋势，碳汇区集中于祁连山生态区、三江源生态区，而柴达木盆地生态区属于碳源地区。中国国家温室气体清单结果表明，2014年中国林地碳汇量达到每年8.4亿吨二氧化碳，约占全国陆地碳汇总量的80.70%。此外，草地、农田、水域、土壤和生物等也均具备一定的碳吸收能力。近年来，随着碳捕集、利用与封存（Carbon Capture，Utilization and Storage）技术的发展，工业减碳固碳的能力也得到了较大的提升。借鉴前人的做法，同时考虑到数据的可得性，本书采用净初级生产力进行青海省及各市（州）层面固碳量的估算。

三、碳达峰与碳中和

碳达峰是指一个经济体（地区）煤炭、石油、天然气等化石能源燃烧和工业生产过程以及土地利用等活动产生的二氧化碳排放（以年为单位）在一段时间内达到峰值，之后进入平稳下降阶段。碳中和是指一个经济体（地区）在一段时期内（一般为一年）人为温室气体排放量与温室气体移除量（自然碳汇吸收和技术移除）之间达到平衡，即排放到大气中的温室气体净增长量为零。碳达峰、碳中和是两个先后关联的阶段，两者之间是此快彼快、此缓彼慢的关系。从碳达峰到碳中和的过程，就是经济增长与二氧化碳排放从相对脱钩到绝对脱钩的过程。

四、碳收支

碳收支是指二氧化碳排放量与固碳量的关系。随着工业经济规模的持续扩张，二氧化碳排放快速增长，而生态系统碳汇增长速度相对较缓。国际上十分关注全球气候变暖的问题，并划分了各国的减排责任。在碳排放约束下，经济发展受到约束。许冬兰等（2023）指出，与工业直接减排相比，森林、草原和海洋等生物碳汇存在可行性强、成本低、综合收益高等显著优势，是当前世界各国实施减排增汇的重大战略选择。在“双碳”背景下，碳排放是一种稀缺资源，而碳汇增加也能为区域发展带来经济效益，在全要素生产效率测算中应该凸显出固碳减排的价值。

五、碳脱钩

脱钩理论最早由经济合作与发展组织（OECD）提出，主要分析经济增长与环境压力之间的相对关系问题。“脱钩”就是指用少于以往的物质消耗产生多于以往的经济财富，在工业经济中则表现为经济增长逐渐摆脱对资源消耗的依赖。脱钩理论最先应用于农业生产领域，随后在城市建设与经济发展、资源利用与经济发展、污染排放与经济发展等方面得到扩展和延伸。本书的碳脱钩是指经济增长与二氧化碳排放量增长之间关系不断弱化乃至消失的过程，即在经济增长的过程中逐渐减少二氧化碳排放量。

六、净碳效率

生产效率是指在一定技术水平和资源环境约束条件下，各种投入要素转化为产出的有效程度，可以分解成经济效率和生态效率两个重要组成部分。碳效率本质上是生态效率的一种，即在生产效率测算过程中进一步考虑碳排放对总体效率的影响情况。净碳效率的衡量方法主要有三种：一是采用固碳量与碳排放量比值表征的单要素净碳效率；二是采用生产效率、经济效率和生态效率三项指标来综合衡量的净碳效率；三是将净碳汇量作为非期望产出纳入评价框架中测算的全要素碳效率。杨佳伟和王美强（2017）指出，生态经济是一个复杂的系统，会受到多种因素的影响，将碳排放量一起纳入生产函数当中进行计算的全要素碳效率似乎更加全面和精确。为此，本书基于全要素视角，将碳排放量作为经济系统的非期望产出，在生态系统中考虑不同经济发展模式下的固碳减排价值，综合分析得到反映系统整体情况的净碳效率。

七、贸易隐含碳

Wyckoff 和 Roop（1994）首次提出国际贸易隐含碳问题。《联合国气候变化框架公约》将隐含碳定义为：商品从原料获取、制造加工和仓储运输到分销出售给消费者的整个过程中直接或间接排放的二氧化碳，也有研究称其为“贸易隐含排放”、“隐含排放”或“隐藏排放”。Darwili 和 Schröder（2023）提出，贸易隐含碳可测度国际碳排放转移规模和模式。出口隐含碳与进口隐含碳之间的差额即为国际碳排放转移量，同时等于以生产为基础的排放量与以消费为基础的排放量之间差额。总体而言，发达国家为“净进口”碳排放国家，发展中国家为“净出口”碳排放国家。碳排放沿产品贸易价值链从发达国家转移到发展中国家，进而达成了经济增长和碳排放的脱钩。贸易隐含碳规模和方向在很大程度上由国际技术差异决定。在存在技术差异的情况下，以同等价格交换相同产品将意味着贸易隐含碳排放的转移。

第二节　理论基础

一、生态文明建设理论

生态文明是人类历经原始文明、农业文明、工业文明之后的一个崭新的文明形态，它尊重自然，强调树立尊重自然、顺应自然、保护自然的意识，要求人与自然的和谐相处。中国共产党坚持马克思主义关于人与自然必须和谐相处的基本思想，从中国社会主义建设的实际出发，树立了新发展理念，构建了“五位一体”总体布局，逐步构建起以习近平新时代生态文明建设思想为主要成果的生态文明建设理论，丰富了社会主义生态文明建设理论。生态文明建设理论的内容主要包括以下五个方面：①有关绿水青山就是金山银山的重要论述；②有关人与自然和谐共生的重要论述；③有关人与自然是生命共同体的重要论述；④有关良好生态环境的民生本质的重要论述；⑤有关共谋全球生态文明建设的重要论述。生态文明建设实践上的具体要求有以下四点：①在经济领域，要坚持发展绿色经济，转变经济发展方式；②在政治领域，坚持转变政府职能，完善自然资源环境管理体制改革；③在社会领域，坚持解决民生问题，推动以社会公平为目标的社会改革；④在文化领域，坚持绿色文化，推动人地和谐发展的文化改革（见图 2-1）。

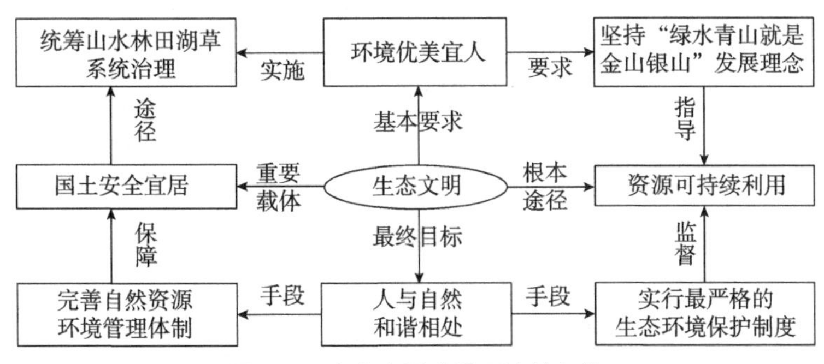

图 2-1　生态文明建设理论的架构

二、低碳经济理论

2003 年，英国能源白皮书《我们能源的未来：创建低碳经济》首次在政府文件中提出了“低碳经济”这一概念。文件中将低碳经济归结为低碳发展、低碳产业、低碳技术、低碳生活等一类经济形态的总称。低碳经济通常被认为是与高耗能高排放的工业发展模式所相对的，具有“高增长、低排放”特征的经济发展模式。在 2007 年的达沃斯世界经济论坛年会上，气候变化议题超过恐怖主义等问题成为压倒一切的首要问题。低碳经济也成为全球关注热点和发展趋势。庄贵阳（2007）指出，低碳经济的实质是提高能源效率和清洁能源结构问题，核心是能源技术创新和制度创新。陈兵等（2014）指出，如果将“环境”与“经济”两大系统割裂开来，就很容易陷入“低碳成果加经济财富”的拼凑式发展逻辑。目前，低碳经济领域相关的研究大多与能源效率提升和产业结构优化等问题联系起来，强调经济与能源脱钩、能源与碳脱钩。根据科斯的观点，“权利”也是一种生产要素，碳排放权作为一种稀缺资源，如何有效配置好这一资源就是目前低碳经济研究所急需要解决好的难题。

三、生态经济理论

19世纪60年代，世界性人口膨胀、粮食短缺、能源紧张、环境污染、资源匮乏等问题迸发，人们开始对经济增长方式进行反思。1966年，美国经济学家肯尼斯·鲍尔丁在《一门科学——生态经济学》一文中首次提出了“生态经济协调理论”，生态经济学由此作为一门科学正式诞生。1973年，美国生态经济学家赫尔曼·戴利提出了“稳态经济”的概念，期望能够达到经济发展与生态环境承载力保持相平衡的效果。1980年8月，许涤新在青海省西宁市召开的全国畜牧业经济理论讨论会上提出，“要研究生态经济问题，逐步建立我国的生态经济学”，被认为是中国生态经济学的开端。1981年，王松霈组织编写了我国第一本生态经济学论文集——《论生态平衡》。王松霈认为，生态与经济协调的理论是生态经济学的核心理论。生态经济学理论是适应当代解决经济社会发展中生态与经济的不协调问题，并推动它们走向协调的理论。经济系统作为生态系统的子系统，随着经济规模的扩张，经济系统的边界不断向生态系统的边界靠近，最终经济系统与生态系统重合，经济发展受到限制。

四、绿色效率理论

效率是生产单元或者经济系统产出对投入或者收益对成本的比值，主要考察从投入到产出的生产过程中资源使用的有效性。西方古典经济学并未对效率作出明确的定义，但其经济主张中早已体现出了效率的理念，如社会分工、市场竞争和帕累托最优等概念都体现出了效率的优化。新古典经济增长理论认为，要素投入和要素生产率的提高是经济长期增长的根本动力。美国经济学家罗伯特·索洛最早提出了全要素生产率的概念，即总产量与全部要素投入量之比。随后，全要素生产率科学合理测算的问题成为经济增长领域研究的重点。1997年，Aigner首次尝试运用随机前沿生产函数计算全要素生产率，标志着全要素生产率的研究由理论转向应用。自20世纪90年代以来，关于全要素生产率测算及其变动因素的研究在中国逐渐兴起。2017年，党的十九大报告提出要提高全要素生产率，经济高质量发展的新阶段对要素投入效率提出了更高的要求。习近平总书记指出，新质生产力是由技术革命性突破、生产要素创新性配置、产业深度转型升级而催生，以全要素生产率大幅提升为核心标志的先进生产力。在以往的全要素生产率研究中，学者大多侧重于资本和劳动要素投入作用的分析。但随着资源环境约束的收紧，粗放式经济增长模式的弊端逐渐显露。由此，绿色效率应运而生，越来越多学者在传统效率分析框架中纳入非期望产出，得到剔除环境因素后的纯经济增长率。碳效率是生产效率中的一种，目前的研究成果丰硕，涵盖了农业、工业和服务业等多个领域。

五、区域协调发展理论

区域协调发展理论是区域经济学和发展经济学的主要流派之一。中国学者陆大道（1997）和彭荣胜（2009）等很早开始就对区域协调的内涵进行了探讨，指出协调有“和谐”与“合作”的含义，区域协调即指从不平衡中求得相对平衡。覃成林等（2011）指出，区域协调发展强调区际的协调，而不是区域内部的发展。区域经济协调发展的主要判断标准是区际经济联系趋于紧密、各个区域的经济均持续发展和区域经济差异趋于缩小。从 20 世纪 80 年代初开始，陆大道等就开始关注长江经济带沿线区域的开发、利用及其均衡发展的问题。张可云（2021）指出，区域协调发展战略最初于 1992 年提出，其内容与目标随着发展条件与环境的变化而不断调整，到目前为止已经经历过四次大的战略调整。成长春（2015）正式提出了区域协调性均衡发展理论，将区域协调性均衡发展界定为“以推动区域经济更有效率、更加公平、更可持续发展为核心，使市场在区域资源优化配置中起决定性作用和更好发挥政府的调节作用”。党的二十大更加重视促进区域协调发展，提出要深入实施区域协调发展战略。曲越等（2022）通过对碳达峰碳中和的区域协调问题进行实证研究后指出，中国各省的经济发展与 CO_2 排放之间呈现明显的倒“U”形关系，认为中国“双碳”目标的具体实施需要充分考虑区域发展的异质性和区域碳减排的协调性。

第三节　研究方法

一、碳排放量测算的研究方法

（一）区域碳排放量的测算方法

本书首先对青海省 2000~2020 年碳放量进行测算，其次识别碳排放驱动因子，最后利用人工智能进行模拟，预测青海碳达峰的时间节点。

二氧化碳排放量测算方法主要参照IPCC温室气体清单指南中的方法二，基于能源消费部门对青海省能源消费所产生的二氧化碳排放量进行核算。计算公式如下：

$$E_{co_2}=\sum\sum(FC_{ij}\times LCV_{ij}\times CPC_{ij}\times COR_{ij}\times\frac{44}{12}) \tag{2-1}$$

$$E_{电}=AD_{电}\times EF_{电网} \tag{2-2}$$

其中，E_{CO_2}表示CO_2排放总量；FC_{ij}表示i行业j燃料的消费量；LCV_{ij}表示i行业j燃料的低位发热量；CPC_{ij}表示i行业j燃料的单位热值含碳量；COR_{ij}表示i行业j燃料的碳氧化率；44/12表示碳转换系数。其中，行业划分为七类：农林牧渔业，工业，建筑业，交通运输、仓储和邮政业，批发和零售业，住宿和餐饮业，居民生活和其他；能源品种分为十七种：原煤、洗精煤、其他洗煤、焦炭、其他焦化产品、原油、汽油、煤油、柴油、燃料油、石油沥青、石油焦、液化石油气、其他石油制品、天然气、热力和电力。$E_{电}$表示企业净购入使用电力产生的二氧化碳排放量；$AD_{电}$表示净购入电量；$EF_{电网}$表示区域电网平均供电排放因子。

（二）农业碳排放量的测算方法

本书运用碳排放系数法将农业碳源与相对应的碳排放系数相乘得到青海省农业碳排放量，涉及以下三种碳源：①农用物资消耗（化肥施用量、农用薄膜量、农药使用量、农用柴油量、农业灌溉和翻耕面积）所导致的碳排放；②畜禽养殖（猪、牛、羊和家禽）过程中肠道发酵和粪便管理产生的CH_4、N_2O排放；③作物生长（小麦、玉米、豆类、油料、蔬菜和薯类）过程中土壤产生的N_2O排放。各类碳排放系数如表2-1所示，农业碳排放计算公式如下：

$$E=\sum_{i=1}^{3}E_i=\sum_{i=1}^{3}T_i\omega_i \tag{2-3}$$

其中，E表示农业碳排放总量（万吨）；E_i为第i类碳源产生的碳排放量（万吨）；T_i为碳源的数量；ω_i为第i类碳源对应的碳排放系数。

表2-1 青海省农业碳排放系数

碳源			排放系数	数据来源
种植业	农资投入	化肥	0.8956kg（C）/kg	美国橡树岭国家实验室（ORNL）
		农药	4.9341kg（C）/kg	

续表

碳源			排放系数	数据来源
种植业	农资投入	农膜	5.18kg（C）/kg	南京农业大学农业资源与生态环境研究所（IREEA）
	农田管理	柴油	0.5927kg（C）/kg	政府间气候变化专门委员会（IPCC）
		灌溉	266.48kg（C）/hm^2	段华平等（2011）
		翻耕	3.126kg（C）/hm^2	中国农业大学农学与生态环境研究所（IABCAU）
	土壤排放（N_2O）	小麦	0.40kg · hm^2	于克伟等（1995）
		玉米	2.532kg · hm^2	王少彬和苏维瀚（1993）
		豆类	0.77kg · hm^2	熊正琴等（2002）
		油料	0.001kg · hm^2	邱炜红等（2010）
		蔬菜	4.21kg · hm^2	
		薯类	2.12kg · hm^2	王智平（1997）
畜牧业	肠道发酵（CH_4）	猪	1kg · $head^{-1}$ · a^{-1}	省级温室气体清单编制指南（试行）
		牛	80.46kg · $head^{-1}$ · a^{-1}	
		羊	8.23kg · $head^{-1}$ · a^{-1}	
		家禽	—	
	粪便管理（CH_4、N_2O）	猪	3.12kg · $head^{-1}$ · a^{-1}	
			0.093kg · $head^{-1}$ · a^{-1}	
		牛	5.14kg · $head^{-1}$ · a^{-1}	
			1.29kg · $head^{-1}$ · a^{-1}	
		羊	0.16kg · $head^{-1}$ · a^{-1}	
			0.227kg · $head^{-1}$ · a^{-1}	
		家禽	0.02kg · $head^{-1}$ · a^{-1}	
			0.007kg · $head^{-1}$ · a^{-1}	

（三）农业碳效应的测算方法

农业生产过程中不仅产生碳排放，农作物在生长过程中通过光合作用还会吸收一部分碳。根据青海省农作物种植的实际情况，选择玉米、小麦、豆类、薯类、油料、蔬菜和瓜果作为农业碳吸收的主要农作物，计算公式如下：

$$C=\sum C_i \times Y_i \times \left(1-W_i\right) \times \left(1+R_i\right) / H_i \qquad (2\text{–}4)$$

其中，C 表示农作物碳吸收总量（万吨）；C_i 表示第 i 类农作物的碳吸收率

（%）；Y_i 为第 i 类农作物的经济产量（吨）；W_i 为第 i 类农作物经济产品的含水率（%）；R_i 为第 i 类农作物的根冠比系数；H_i 为第 i 类农作物的经济系数。相关系数值见表 2–2。

农业碳效应为农业碳排放量与碳吸收量的差值，计算公式如下：

$$N = E - C \tag{2-5}$$

其中，N 表示净碳效应。当 N 是正值时表示净碳排放效应，N 是负值时表示净碳吸收效应。

表 2–2 青海省农作物碳吸收系数

农作物	玉米	小麦	豆类	薯类	油料	蔬菜	瓜果
碳吸收率	0.471	0.485	0.45	0.423	0.45	0.45	0.45
含水率	0.13	0.12	0.13	0.70	0.09	0.90	0.90
根冠比系数	0.16	0.40	0.13	0.18	0.04	—	—
经济系数	0.40	0.40	0.35	0.70	0.25	0.65	0.70

（四）建筑行业碳排放量的测算方法

建材生产阶段的碳排放包括建筑原料的开采及加工生产作业中因消耗化石、电力等一次或二次能源造成的间接温室气体排放，还包括加工建材产品过程中利用的能源所直接产生的温室气体排放。碳排放量可通过建材的使用量与其对应的碳排放因子乘积累加计算得出，即：

$$C_{SC} = \sum_{i=1}^{n} M_i F_i \tag{2-6}$$

其中，C_{SC} 表示建材生产阶段的碳排放量；M_i 表示第 i 种建筑材料的消耗量，F_i 为生产 i 种建材的碳排放因子。

建筑施工（建造、拆除）阶段的碳排放包括建造过程中工程施工产生的碳排放和各项措施实施过程中产生的碳排放，以及拆除过程中拆除机械的现场施工、废弃物外运和废弃物回收利用。碳排放量应根据不同类型能源消耗量和对应的碳排放因子确定，即：

$$C_{SG} = \sum_{i=1}^{n} E_{JZ,i} EF_i + \sum_{i=1}^{n} E_{CC,i} EF_i \tag{2-7}$$

其中，C_{SG} 表示建造及拆除阶段产生的碳排放量；$E_{JZ,i}$ 和 $E_{CC,i}$ 分别是建造和拆除时第 i 种能源的使用量折算标煤量；EF_i 为第 i 种能源的碳排放因子。

建筑运营阶段碳排放主要是由建筑设备能耗引起，如照明设备、通风设备、取暖设备、制冷设备等的使用。建筑运营阶段碳排放计算公式为：

$$C_{YX} = \sum_{i=1}^{n} F_i U_i \tag{2-8}$$

其中，C_{YX}表示建筑运营阶段所产生的碳排放量；U_i表示第i类能源的消耗量；F_i表示第i类能源的碳排放因子。

（五）隐含碳排放量的测算方法

本书参照吴常艳等（2015）的核算方法，构建2017年青海省行业隐含碳排放矩阵，模型用公式表示为：

$$B=R\cdot(I-A^d)^{-1}\cdot Y^d \tag{2-9}$$

其中，B表示隐含碳排放矩阵（28×28）；R表示元素，是各行业直接碳排放系数的对角矩阵（28×28）；$(I-A^d)^{-1}$为列昂惕夫逆矩阵（28×28）；I为单位矩阵（28×28）；A^d为省内投入直接消耗系数矩阵（28×28）；Y^d为对角元，为除去进口的最终需求量的对角矩阵（28×28）。

需要注意的是，青海省公布的投入产出表未区分进出口，为了避免隐含碳排量被高估，核算偏离真实情况，需除去进口影响。因此，直接消耗系数矩阵A^d的计算公式为：

$$A^d=(I-M)\cdot A \tag{2-10}$$

进口系数矩阵M（28×28）中元素m_{ij}的计算方法为：

$$m_{ij}=IM_i/(Q_i+IM_i-RX_i) \tag{2-11}$$

$i=1,2,\cdots,n$。当$i\neq j$时，$m_{ij}=0$。

其中，A^d表示直接消耗系数矩阵；I表示单位矩阵；M表示进口系数矩阵；IM_i为i行业进口量；Q_i为i行业总产出；EX_i为i行业出口量。由此得到完全消耗系数矩阵B^d：

$$B^d=(I-A^d)^{-1}-I \tag{2-12}$$

（六）碳减排潜力的测算方法

本书以投入产出模型为基础，参照吴常艳等（2015）构建的碳减排潜力模型，考虑产值变化带来的碳减排效应，公式推导如下：

$$\Delta X_j^d = X_j^d\lambda_j + \sum_{i=1}^{n} b_{ij}X_j^d\lambda_j \tag{2-13}$$

其中，ΔX_j^d 为 j 部门产值变化和它引起的其他行业产值变化总和；λ_j 为 j 部门总产值的变化率（本书假设是 1%）；X_j^d 为 j 部门国内总产值；b_{ij} 为 j 行业为产出单位产品需要 i 行业总投入。

$$\Delta C = R_j^d \lambda_j X_j^d + \sum_{i=1}^{n} R_j^d b_{ij} X_j^d b_{ij} X_j^d \lambda_j \tag{2-14}$$

其中，ΔC 为产值变化 1% 引起的碳排放总和，为 j 部门直接碳排放强度系数，其余含义同式（2–13）。

$$CRE = \frac{\Delta C}{\Delta X_j^d} = \frac{R_j^d \lambda_j X_j^d + \sum_{i=1}^{n} R_j^d b_{ij} X_j^d \lambda_j}{X_j^d \lambda_j + \sum_{i=1}^{n} b_{ij} X_j^d \lambda_j} \tag{2-15}$$

其中，CRE 表示碳减排效应。

$$ACR = \lambda_j X_j^d (R_j^d + \sum_{i=1}^{n} b_{ij} R_j^d) \tag{2-16}$$

其中，ACR 表示碳减排总量。

二、碳排放驱动因子的识别方法

由于广义迪氏指数分解法（GDIM）在消除残差项和适应性的问题上具有较大的优势，且计算过程相对简单，因此得到较为广泛的应用。本书采用广义迪氏指数分解法（GDIM）对碳排放的驱动因子进行分析，将青海省碳排放的驱动因子设定为投资规模、投资碳强度、产出规模、产出碳强度、能耗水平、能耗碳强度、能源强度和投资效率八个方面（见表 2–3）。

表 2–3　GDIM 模型主要变量选取

变量名称	计算方法	含义	单位
碳排放量	$Y=ECO_2$	年消费终端排放的 CO_2	万吨 CO_2
投资规模	$X1=FI$	年固定资产投资额	亿元
投资碳强度	$X2=ECO_2/FI$	年投资碳排放的 CO_2	万吨 CO_2/ 亿元
产出规模	$X3=GDP$	年地区生产总值	亿元
产出碳强度	$X4=ECO_2/GDP$	年地区生产总值排放的 CO_2	万吨 CO_2/ 亿元

续表

变量名称	计算方法	含义	单位
能耗水平	$X5=TEC$	年终端能源消耗量	万吨标准煤
能耗碳强度	$X6=ECO_2/TEC$	年能源消耗排放的 CO_2	万吨 CO_2/ 万吨标准煤
能源强度	$X7=TEC/GDP$	年地区生产总值消耗的能源	万吨标准煤 / 亿元
投资效率	$X8=GDP/FI$	年投资产生的生产总值	亿元 / 亿元

根据 GDIM 的基本原理，可以将碳排放分解为：

$$Y=X1/X2=X3/X4=X5/X6 \tag{2-17}$$

$$X7=X5/X3 \tag{2-18}$$

$$X8=X3/X1 \tag{2-19}$$

将因素 X 对碳排放变化的贡献表示为函数 CE（X），进而构造一个相关因素组成的雅可比矩阵 Φ（x）。

$$\Phi_X=\begin{bmatrix} X2 & X1 & -X4 & -X3 & 0 & 0 & 0 & 0 \\ X2 & X1 & 0 & 0 & -X6 & -X5 & 0 & 0 \\ 1 & 0 & 0 & 0 & -X7 & 0 & -X5 & 0 \\ -X8 & 0 & 1 & 0 & 0 & 0 & 0 & -X1 \end{bmatrix}^T \tag{2-20}$$

根据 GDIM 的原理，碳排放的变化量 ΔY 可以分解为以上各因素贡献率加总的形式：

$$\Delta Y=\Delta X1+\Delta X2+\Delta X3+\Delta X4+\Delta X5+\Delta X6+\Delta X7+\Delta X8 \tag{2-21}$$

其中，$\Delta X1$ 和 $\Delta X2$ 为投资的碳排放效应；$\Delta X3$ 和 $\Delta X4$ 为产出的碳排放效应；$\Delta X5$ 和 $\Delta X6$ 为能源消费的碳排放效应；$\Delta X7$ 和 $\Delta X8$ 分别为产出的能源依赖对碳排放的影响与投资的产出水平对碳排放的影响。

三、碳排放达峰时间节点预测方法

长期能源替代规划系统（Long range Energy Alternatives Planning，LEAP）是由斯德哥尔摩环境研究院和美国波士顿大学共同开发的能源环境模型工具，通过设定不同的情景，采用自下而上的方法对能源需求进行模拟分析。本书参照相关研究成果，从能源消费产生的碳排放量出发，以 2020 年为基准年，设计三种不同减排情景，分析青海省碳排放达峰趋势。一是基准情景，即假定按现有发展模式、技术水平发展的情景；二是绿色发展情景，即假定坚持节约资源和环境保护，实行节能减排、低碳发展的情景；三是技术突破情景，即假定技术创新取得重大突破、技术水平明显提升的情景。本书根据驱动因子分解的结果，对不同情景下的变量参数作出设定，得到参数的可能变化范围后使用三角形分布，采用蒙特卡罗模拟法进行 10 万次模拟，确定概率分布关系，最终得到最优的达峰路径。

四、碳中和的相关研究方法

本书首先对青海省经济发展与碳排放的脱钩水平进行测度；其次对青海能源生产与碳脱钩的能力进行评估，进而对负排放能力进行分析；最后绘制青海省碳达峰碳中和路线图。

（一）碳脱钩水平的测算方法

本书采用脱钩指数和脱钩稳定性来测算青海省经济发展碳脱钩水平。碳脱钩指数通过 *Tapio* 模型来测算，表示经济发展水平与碳排放量之间的相对关系。计算公式如下：

$$\varepsilon = \frac{\%\Delta CE}{\%\Delta GRP} = \Delta CE \times \frac{\Delta GRP^0}{\Delta CE^0 \times \Delta GRP} \tag{2-22}$$

其中，ε 表示经济发展与碳排放相对关系的脱钩指数；ΔCE 和 ΔGDP 分别表示二氧化碳排放量的增加值和地区生产总值的增加值；ΔCE^0 和 ΔGDP^0 分别表示基期碳排放量和基期地区生产总值；$\%\Delta CE$ 和 $\%\Delta GDP$ 分别表示碳排放增长率和经济增长率。根据脱钩指数值的不同，可以划分为强脱钩、弱脱钩、衰退脱钩、扩张挂钩、衰退挂钩、扩张负脱钩、弱负脱钩、强负脱钩八种脱钩状态。脱钩稳定性用 δ 来衡量，具体公式如下：

$$\delta = \frac{1}{I-1}\sum\left|\frac{\varepsilon(i+1)-\varepsilon(i)}{\varepsilon(i)}\right| \tag{2-23}$$

其中，i 表示研究年份，I 表示总研究年份。δ 值越小，说明脱钩稳定性越强；反之，则说明脱钩稳定性越差。

（二）零碳能源生产能力的测算方法

零碳能源生产能力采用清洁能源生产量占全部能源生产总量的比例表示。计算公式为：

$$\lambda = CEN / TEN \tag{2-24}$$

其中，λ 表示清洁能源生产量（光伏、风能、水力、天然气等）与全部能源生产总量的比值。CEN 和 TEN 分别表示清洁能源生产量和全部能源生产总量。λ 值越高，表明零碳生产能力越强。

（三）碳汇量的测算方法

借鉴前人的做法，同时考虑到数据的可得性，本书采用净初级生产力对青海省及市（州）层面固碳量进行测算。生态系统固碳量通常借助专业的地面气象观测和气象卫星遥感监测等方法进行估算。植被净初级生产力（NPP）是陆地生态系统与大气之间碳交换的物理量，其数值则体现了碳汇的大小。MODIS17A3H 数据产品提供了准确测量植被生长状况的 NPP 数据，通过裁剪转换等预处理可以提取出青海区域的 NPP 数据，再利用固碳释氧模型计算出各市（州）的固碳价值。根据光合作用方程式，每克干物质可以固定 1.62 克二氧化碳，而干物质在 NPP 中的占比约为 45%，由此得到式（2–25）：

$$C = \frac{NPP}{0.45} \times 1.62 \tag{2-25}$$

其中，C 表示固碳量；NPP 表示净初级生产力。

（四）碳收支的计算方法

在碳收支视角下，本书采用固碳减排价值作为效率评价的最终产出，其具体计算公式如下：

$$V = \left(\Delta E + C\right) \times P \tag{2-26}$$

$$\Delta E = E_t - E_{t-1} \tag{2-27}$$

其中，V 表示固碳减排价值；ΔE 表示 CO_2 排放增量，是当年碳排放与上年碳排放的差额；C 表示固碳量；P 表示碳价，采用 CO_2 造林成本法进行估算，以 2000 年不变价格表示的单位面积造林成本为 570.41 元 / 吨。

（五）碳中和时间节点的预测方法

在测算经济碳脱钩水平、零碳能源生产能力、碳汇量及碳捕捉碳储存能力的基础上，按照“尽早达峰、快速减排、全面中和”三阶段，从经济脱碳、能源脱碳及负排放（农林碳汇、CCUS、BECCS 和 DAC）三个主要方面，采取支持向量机（SVM）方法，对青海碳中和的时间节点进行预测，并绘制青海省碳达峰碳中和路线图。支持向量机是 20 世纪 90 年代由 Vapnik 等根据统计学习理论提出的学习方法。其回归及预测方法主要包括两个步骤。

（1）支持向量回归（SVR）。支持向量机通过非线性映射，将输入空间的数据映射到高维特征空间中并进行线性回归。回归函数为：

$$y=f(x)=(w.\Phi(x))+b \tag{2-28}$$

其中，$w\in R^m$，$b\in R$，Φ 是将输入空间的数据 x 映射到高维特征空间 G 中的非线性映射。采用二次 ε 不敏感函数损失函数，对其结构进行风险最小化，产生回归的支持向量估计。通过求解优化问题后，回归函数变成：

$$y=f(x)=(w.\Phi(x))+b=\sum_{i=1}^{n}(a_i-a_i^*)K(x_i,x)+b \tag{2-29}$$

其中，核函数 $K(x_i,x)$ 需要满足 Mercer 定理。

（2）支持向量机（SVM）预测。支持向量机具有任意逼近的非线性映射能力，且对映射确定的预测网络结构由算法自动最优化生成，只需选取合适模型准则即可得到最优预测结构。对于时间序列 $\{x_1, x_2, \cdots, x_n\}$, i=l，2，…，n，$\{x_n\}$ 为预测目标值，输入和输出的映射关系为 $y_n=\{x_n\}$，$R^m\to R$，m 为 x 的嵌入维数。用支持向量机进行训练所得到的回归函数为：

$$y_i=\sum_{i=a}^{n-m}(a_i-a_i^*)K(x_i^*,x_i^*)+b,t=m+1,\cdots,n \tag{2-30}$$

则第 n+1 点的预测值为：

$$y_{n+1}=\sum_{i=1}^{n-m}(a_i-a_i^*)K(x_i^*,x_{n-m+1}^*)+b \tag{2-31}$$

（六）灰色预测模型 GM（1,1）

灰色预测模型由于对样本数量要求不高，且模型精度方便检验，因此被广泛应用于未来趋势预测。设由 n+1 个原始数据组成的时间数列为 X_t，其建立模型按以下五个步骤：

（1）累加生成，将无规律的原始数列累加生成较有规律的数列 Y_t。

（2）对累加生成的数列 Yt 作移动平均数生成 Z_t。

（3）建立 GM（1,1）模型：$dx(1)/d_t+ax(1)=\mu$，μ 为灰色作用量，a 为发展系数。通过 a 可以判断模型使用的预测长度：$-a\leqslant 0.3$，用于中长期预测；$0.3<-a\leqslant 0.5$，用于短期预测；$0.5<-a\leqslant 1.0$，需对模型校正；$1.0\leqslant -a$，不适于建立灰色预测模型。

（4）累减还原求解，得原始序列估计值。序列 $x^{(1)}(k+1)=[x^{(1)}(0)-\mu/a]e^{(-ak)}+\mu/a$，其中 k=1，2，…，n。

（5）模型精度检验，计算后验差比值 C 和小误差概率 P。C 值为预测值与实际值之差的集中程度，为残差的均方差与属实数列均方差之比，其值越小，预测值与实际值之差集中程度越好。P 值是满足残差和残差均值之差小于 $0.647S_x$ 的个数占总数之比，其值越大，模型拟合精度越高（见表 2–4）。

表 2–4　GM（1，1）模型的精度评判标准

精度评判	好	合格	勉强合格	不合格
小误差概率 P	>0.95	>0.80	>0.70	≤ 0.70
后验差比值 C	<0.35	<0.50	<0.65	≥ 0.65

五、碳达峰碳中和可行性分析方法（SWOT–AHP 模型）

SWOT 分析框架由 Andrews（1971）提出，其基于内外部竞争态势的分析，将研究对象的优势（strengths）、机会（opportunities）、劣势（weaknesses）和威胁（threats）以矩阵形式排列，再各自匹配分析，从而得出系列结论。层次分析法（AHP）由 Saaty（1980）提出，首先它将复杂问题分解为若干相互联系、有序的组成部分，再通过客观现实与主观判断对各组成部分进行重要性比较判断（通常是两两比较），以定量化的形式描述判断结果；其次通过数学方式计算每一层次的重要性权值；最后再计算所有层次的相对权重并排序。本书运用 SWOT 分析法对青海省先行实现碳达峰碳中和进行定性分析，然后采用 AHP 对各影响因素进行定量分析，从而构建判断矩阵得出战略四边形，对青海省先行实现碳达峰碳中和的可行性进行综合分析判断。

第四节　研究框架

根据目标管理理论，按照“为何提出目标—怎样认识目标—如何确定目标—能否实现目标—怎么实现目标”的思路，紧扣“必要性分析—本质性把握—合理性论证—可行性探究—对策性安排”等问题，把定性研究与定量研究相结合，绘制本书的技术路线图（见图 2–2）。

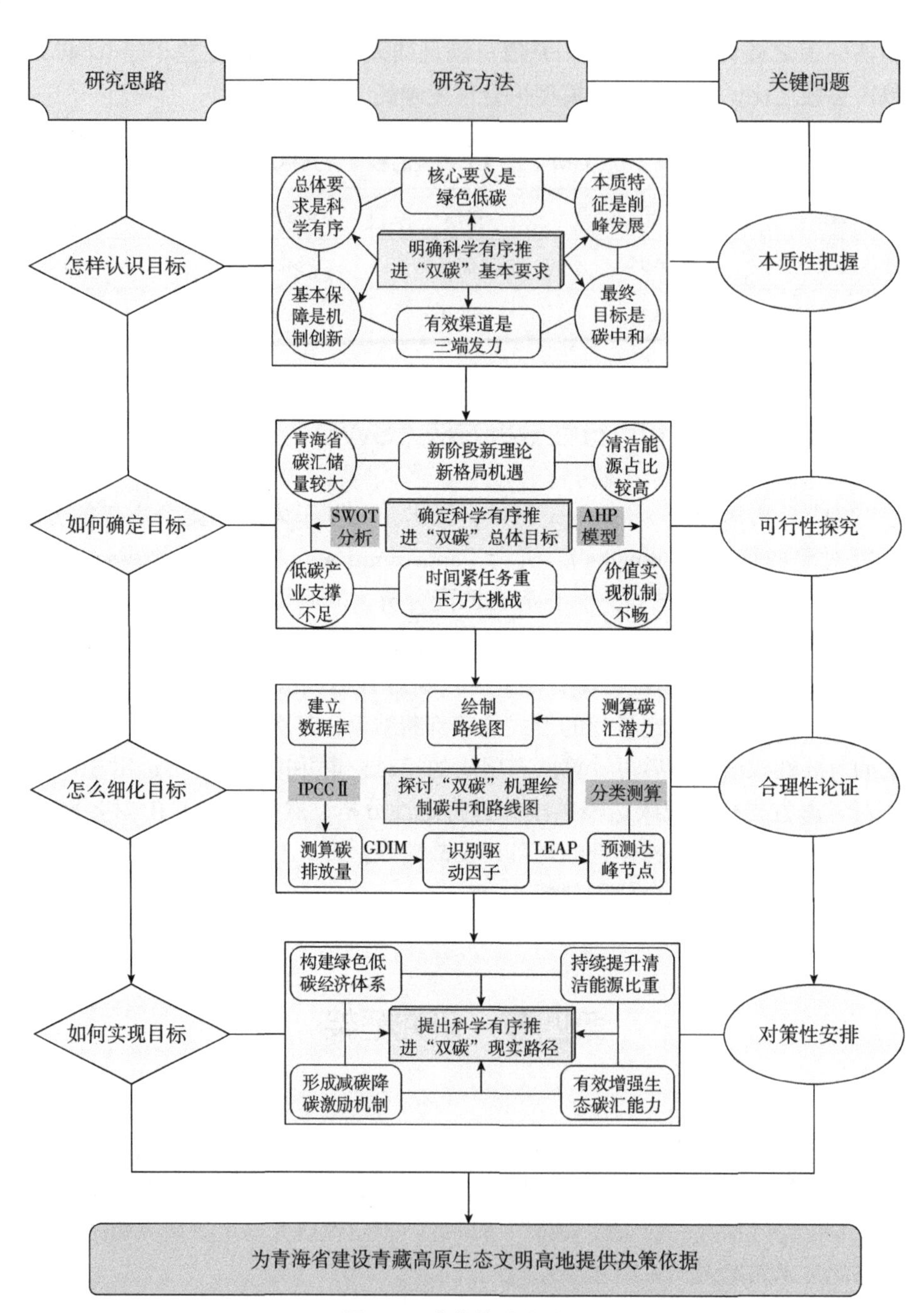
研究思路
研究方法
关键问题
核心要义是绿色低碳
总体要求是科学有序
本质特征是削峰发展
明确科学有序推进“双碳”基本要求
基本保障是机制创新
最终目标是碳中和
有效渠道是三端发力
怎样认识目标
本质性把握
青海省碳汇储量较大
新阶段新理论新格局机遇
清洁能源占比较高
SWOT分析
确定科学有序推进“双碳”总体目标
AHP模型
低碳产业支撑不足
时间紧任务重压力大挑战
价值实现机制不畅
如何确定目标
可行性探究
建立数据库
绘制路线图
测算碳汇潜力
IPCC Ⅱ
探讨“双碳”机理绘制碳中和路线图
分类测算
测算碳排放量
GDIM
识别驱动因子
LEAP
预测达峰节点
怎么细化目标
合理性论证
构建绿色低碳经济体系
持续提升清洁能源比重
提出科学有序推进“双碳”现实路径
形成减碳降碳激励机制
有效增强生态碳汇能力
如何实现目标
对策性安排
为青海省建设青藏高原生态文明高地提供决策依据

图 2-2　本书的技术路线

第三章

青海省科学有序推进碳达峰碳中和的总体要求

研究青海省科学有序推进碳达峰碳中和，需要充分了解时代发展要求，深刻理解其重大意义，准确掌握其政策内涵和基本要求，从而做到行为自觉、执行有力、推进有序。本章分析了青海省科学有序推进省碳达峰碳中和的时代动因，阐述了重大现实意义，解读了具体的政策内涵，提出了贯彻落实的基本要求。

第一节　科学有序推进碳达峰碳中和的时代动因

一、应对全球气候变化成为世界各国的共同行动

全球变暖已引起世界各国高度关注并采取措施积极应对。近半个世纪以来，世界各国积极开展气候脆弱性评估和气候变化监测，构建气候变化研究框架，对长期净零和减排目标做出承诺，建立碳交易体系和低碳政策，构建法律制度体系，开展广泛合作。1985 年的奥地利维拉赫会议，开启了气候变化的国际政治进程。1988 年 11 月，世界气象组织和联合国环境规划署成立政府间气候变化专门委员会（IPCC）。1990 年 12 月，联合国大会通过设立气候治理领域中的政府间谈判机构，用以拟定气候变化框架公约的相关决议，成为国际气候谈判的开端。1992 年 5 月，联合国大会通过《联合国气候变化框架公约》，奠定了世界各国通过合作应对气候变化的国际制度基础。1997 年 12 月，联合国大会通过《京都议定书》，建立了三种旨在减排温室气体的灵活合作机制——国际排放贸易机

制、联合履约机制和清洁发展机制。2015年12月，联合国大会通过《巴黎协定》，对2020年后应对气候变化国际机制作出安排，提出了“将全球平均温升控制在2℃以内并为1.5℃而努力”的长期目标，全球应对气候变化进入新阶段。2013年6月，奥巴马政府发布了《总统气候行动计划》，开始推行碳减排计划，明确提出要减少美国的碳污染。2005年，欧盟建立欧洲气候交易所和碳排放交易体系，积极推进碳边境调节机制。英国积极推行气候变化税和碳信贷。其他一些国家或地区采取立法和行政手段，应对气候问题。CBAM法规，即欧盟碳边境调节机制（Carbon Border Adjustment Mechanism，俗称“碳关税”）已于2023年5月17日正式生效，并于2023年10月1日开始实施。分为过渡期和征收期：过渡期（2023年10月1日～2025年12月31日）：提交CBAM报告，不计算碳排放费用；征收期（2026年1月1日起）：提交CBAM申报，须计算碳排放费用。

二、我国政府应对气候变化的积极响应和重大努力

2007年6月，我国发布实施了《应对气候变化国家方案》，提出2010年单位国内生产总值能耗在2005年基础上减少20%的目标。2013年12月，我国发布《国家适应气候变化战略》，提出了适应目标、重点任务、区域格局和保障措施。同时积极开展适应气候变化的国际合作，与联合国以及其他国际组织、国外研究机构以及加拿大、意大利、英国等开展了适应气候变化的理论研究与务实合作。2014年11月，《中美气候变化联合声明》签署。2015年中国宣布“设立200亿元人民币的中国气候变化南南合作基金”，并在发展中国家启动开展了10个低碳示范区、100个减缓和适应气候变化项目及1000个应对气候变化培训名额的“十百千”项目，为发展中国家应对全球气候变化提供了资金和技术支持。2020年9月，习近平主席在第75届联合国大会一般性辩论上宣布，“中国将采取更加有力的政策和措施，二氧化碳排放力争于2030年前达到峰值，努力争取2060年前实现碳中和”。为此，党的十九届五中全会和2021年中央经济工作会议就“双碳”工作作出了专门部署。2021年9月和10月，中共中央、国务院先后下发文件，要求“完整准确全面理解贯彻新发展理念做好碳达峰碳中和工作”，并制定了“2030年前碳达峰行动方案”。

三、青海省绿色低碳发展的多年实践探讨与创新积累

2007年12月，青海省明确提出生态立省战略，强调建设好生产发展、生

活富裕、生态良好的绿色家园，为中华民族的伟大复兴提供强有力的生态支撑。2014 年 10 月，青海省被列入国家首批生态文明先行示范区，提出了建设生态环境保护优先区、循环经济发展先行区、制度建设改革试点区的战略定位。2018 年 7 月，中共青海省委十三届四中全会正式确定“一优两高”战略，强调坚持生态保护优先，推动高质量发展，创造高品质生活。2021 年 7 月，中共青海省委印发《关于加快把青藏高原打造成为全国乃至国际生态文明高地的行动方案》，提出打造习近平生态文明思想实践新高地等“八个新高地”。2011 年以来，青海省建设国家可再生能源建筑应用示范市县 11 个，示范面积为 1091.7 万平方米；2014 年 6 月，西宁经济技术开发区甘河工业园区和格尔木昆仑经济技术开发区成为国家第一批低碳试点工业园区；2017 年 1 月，西宁市成功入围第三批国家低碳试点城市；2019 年 4 月，西宁市成功入选全国“无废城市”建设试点城市。同时积极开发自愿减排碳交易项目，青海省完成了中国西部地区首单自愿减排碳交易项目。2020 年 5 月，青海省规模最大的首笔林业碳汇交易实施。在多年低碳转型与低碳发展基础上，2022 年 5 月，中国共产党青海省第十四次代表大会提出了“科学有序推进碳达峰碳中和”的奋斗目标。

第二节　科学有序推进碳达峰碳中和的重大意义

科学有序推进碳达峰碳中，是青海省全面贯彻生态文明思想，完整准确全面贯彻新发展理念，立足青海“三个最大”习近平省情定位和“三个更加重要”战略地位，着眼“国之大者”的重大战略举措，对于实施生态报国战略、推动经济结构转型、发展新质生产力、深化生态体制改革、增进民生生态福祉具有重大意义。同时可以通过探索生态地位特殊、生态系统脆弱、经济发展滞后的民族地区碳达峰碳中和路径，为推动全国实现碳达峰碳中和提供示范样本作出青海贡献。

一、科学有序推进碳达峰碳中和是青海省生态报国生态立省的政治宣言

青海省上下牢记习近平总书记“保护三江源、保护‘中华水塔’，确保‘一江清水向东流’”的政治嘱托和“要像保护眼睛一样保护生态环境，像对待生命一样对待生态环境”的发展厚望，着眼“国之大者”，坚持生态报国、生态立省，

扛起生态保护政治责任。科学有序推进碳达峰碳中和，正是打响青海生态品牌、彰显青海生态地位、体现青海政治担当的实际行动。

二、科学有序推进碳达峰碳中和是青海省绿色低碳经济转型的强大动力

青海省近90%的面积为限制开发区和禁止开发区，环境承载能力日益成为经济规模和发展空间的主要制约因素。立足“三个最大”省情定位，壮大“四种经济”，坚持生态优先、绿色发展、推动经济转型是青海高质量发展的必由之路。科学有序推进碳达峰碳中和正好形成一种倒逼机制，推动低碳减排，促进结构转型，形成青海绿色发展的强大动力和战略依托。

三、科学有序推进碳达峰碳中和是青海省发展新质生产力的有力抓手

降碳脱碳是新质生产力发展的基本要求，助力碳达峰碳中和是新质生产力发展的重要目标。习近平总书记强调，“（新质生产力）必须加快发展方式绿色转型，助力碳达峰碳中和”。青海省通过科学有序推进“双碳”工作，有力推动青海绿色算力基地、智能化世界级盐湖基地建设，积极培育战略性新兴产业和未来产业，为全省新质生产力发展提供可持续的发展动能。

四、科学有序推进碳达峰碳中和是青海省生态文明体制改革的进军号角

碳达峰碳中和是一场广泛深刻的经济社会变革，不仅会对发展模式、生产方式产生强烈冲击，而且会对价值观念、行为习惯产生重大影响。因此，生态文明体制机制改革创新必然是实现碳达峰碳中和的“重头戏”。科学有序推进碳达峰碳中和，就是向全社会发出青海生态文明改革创新的强烈信号，显示青海立足高原敢于突围、敢闯难关的巨大勇气和坚定信心。

五、科学有序推进碳达峰碳中和是青海省增进生态民生福祉的坚强保障

拓展绿水青山向金山银山转化的路径，不断增强群众保护生态环境的获得感、幸福感、安全感，有效增加农牧民生态就业、有机畜牧业和生态旅游业收入，让群众在“增绿”中“增收益”“增福祉”，是碳达峰碳中和的根本目标。科学有序推进碳达峰碳中和，可以有效推动绿色惠民理念落地生根，百姓生态福祉

持续增强，进一步夯实党的执政基础和群众基础。

第三节　科学有序推进碳达峰碳中和的政策内涵

碳达峰是指二氧化碳排放量达到历史最高值，然后经历平台期进入持续下降的过程，是二氧化碳排放量由增转降的历史拐点，标志着碳排放与经济发展实现脱钩，达峰目标包括达峰年份和峰值。所谓碳中和是指某个地区在一定时间内（一般指一年）人为活动直接和间接排放的二氧化碳，与其通过植树造林等吸收的二氧化碳相互抵消，实现二氧化碳“净零排放”。碳达峰与碳中和紧密相连，前者是后者的基础和前提，达峰时间的早晚和峰值的高低直接影响碳中和实现的时长和实现的难度。其总体要求是：

一、坚定不移推进碳达峰碳中和

习近平总书记强调，“实现碳达峰碳中和，不是别人让我们做，而是我们自己必须要做”“减排不是减生产力，也不是不排放，而是要走生态优先、绿色低碳发展道路，在经济发展中促进绿色转型、在绿色转型中实现更大发展”。实现碳达峰碳中和与我国经济社会高质量发展方向高度一致，是推进中国式现代化的重要载体。此外，我国是在工业化、城镇化仍在快速发展的情况下开始推进“双碳”进程的，降碳减排任务之重、时间之紧，前所未有。如果现在不抓紧，将来解决起来难度会更高、代价会更大、后果会更重。从全国而言，我国是最大的碳排放经济体，2021 年全国二氧化碳排放量为 114.77 亿吨，约占全球的 1/3。青海省 2021 年碳排放量为 5343 万吨，占全国的 0.45%；区域国内生产总会为 3385.1 亿元，占全国 GDP 的 0.29%。单位 GDP 碳排放量仍然较高。通过推进碳达峰碳中和，倒逼产业结构转型升级，从而实现生产生活方式的根本性变革，推进各类资源节约集约利用，是建设“六个现代化新青海”必须实现的重大任务。

二、科学有序推进碳达峰碳中和

习近平总书记指出，“实现碳达峰、碳中和是一场广泛而深刻的经济社会系统性变革，要把碳达峰、碳中和纳入生态文明建设整体布局”。碳达峰碳中和是生态文明建设的关键举措，其实质上是从黑色工业革命转向绿色工业革命，从不可持续的黑色发展到可持续的绿色发展。当前，我国生态文明建设正处于压力叠加、负重前行的关键期，承诺实现从碳达峰到碳中和的时间，远远短于发达国家所用时间。我国产业绿色低碳的全面转型是一项复杂工程和长期任务，能源结构、产业结构调整也不可能一蹴而就。实现“双碳”目标对我国而言是一场大仗、硬仗和苦仗，需要立足国情，坚持咬紧牙关，爬坡过坎。因此，要从青海“三个最大”省情定位出发，坚持“降碳、减排、增绿、发展”一体化推进，不搞减碳任务“一刀切”的“碳冲锋”，统筹做好“双控”“双碳”工作，防止简单层层分解，坚持“先立后破”“破立结合”，通盘谋划，稳中求进，科学有序渐进式推动“双碳”目标实现。

三、为全国碳达峰碳中和作出青海贡献

中国共产党青海第十四次代表大会指出，“青海清洁能源发展优势明显，生态固碳增汇潜力巨大，有责任、有基础、有能力为国家‘双碳’目标作出贡献”。青海省水能资源理论蕴藏量位居全国第五，太阳能年总辐射量位居全国第二，是我国第四大风场，可用于新能源开发的荒漠化土地超过 10 万平方千米，地热能、页岩气储量丰富，具有发展清洁能源的天然优势。2012 年以来，三江源区水源涵养量年均增幅 6% 以上，青海省草地覆盖率、产草量分别提高了 11%、30% 以上。植被碳库占比排在全国前列，湿地生态系统固碳总量全国第一。2000~2020 年，青海省碳排放量呈倒“U”形的演化趋势，2016 年达到峰值后开始逐年下降。2000~2020 年青海总固碳量年均增长率为 1.41%，固碳总量稳中有升，年均碳汇量为 10.71 亿吨。青海碳收支有盈余充足，年均碳汇盈余 10.35 亿吨。预计到 2030 年全国 CO_2 排放达峰时，青海可以为全国碳中和作出 7.5%~9.4% 的碳汇贡献。

第四节　科学有序推进碳达峰碳中和的基本要求

2022 年 3 月，中共青海省委、青海省人民政府印发了《中共青海省委　青海省政府贯彻落实〈关于完整准确全面贯彻新发展理念做好碳达峰碳中和工作的

意见〉的实施意见》（青发〔2022〕5号）；2022年12月，青海省人民政府印发了《青海省碳达峰实施方案》（青政发〔2022〕65号），对青海省科学有序推进碳达峰碳中和做了整体部署，阐明了科学有序推进碳达峰碳中和的工作要求和具体任务。

一、科学有序推进碳达峰碳中和的总体要求

坚持以习近平新时代中国特色社会主义思想为指导，深入贯彻习近平生态文明思想，全面落实习近平总书记考察青海时的重要讲话和指示批示精神，全面贯彻落实党的二十大精神，立足新发展阶段、贯彻新发展理念、构建新发展格局，坚持系统观念，将碳达峰碳中和纳入经济社会发展和生态文明建设整体布局，赋能产业“四地”建设，从供给、消费、固碳“三端”发力，立足资源禀赋，突出青海特色，科学制定全省碳达峰碳中和的目标任务和时间表、路线图，构建“1+6+8”省级、领域、地区达峰体系，稳步实施碳达峰十大行动，加快形成节约资源和保护环境的产业结构、生产方式、生活方式、空间格局，率先推动经济社会发展全面绿色低碳转型，率先实现能耗“双控”向碳排放总量和强度“双控”转变，率先实现碳达峰目标，率先走出生态友好、绿色低碳、具有高原特色的高质量发展道路，为争创国家生态文明试验区，将青海打造成全国乃至国际生态文明高地奠定坚实基础。

二、科学有序推进碳达峰碳中和的本质特征

从表面上来看，碳达峰碳中和是一个气候问题，但本质是发展问题，具体来讲就是发展道路选择问题。实现“双碳”目标，将全面重塑青海省的经济结构、能源结构、生产方式和生活方式，是一场广泛而深刻的经济社会系统性变革。2000~2020年，青海省工业发展仍具有较强的锁碳效应，工业年均碳排放占比达70%以上。从能源碳排放整体占比来看，煤炭占全省碳排放量的68.50%。从驱动因素来看，产出规模、能耗水平、投资规模和投资碳强度对碳排放年均促增效应为正。从青海省实际出发，科学有序推进碳达峰碳中和，本质就是低碳发展、削峰降碳，即以新质生产力为引领，将传统的以“高投入、高消耗、高排放”为特征的粗放增长模式和发展道路，转变为“创新、绿色、低碳”的现代化产业结构和发展道路，以产业“四地”建设为重点，加快传统产业改造升级、培育发展战略性新兴产业、推进能源结构清洁化转型，实现经济发展与碳排放有序

脱钩，构建体现高原特色的绿色低碳循环现代产业体系，形成降排减碳的产业支撑。

三、科学有序推进碳达峰碳中和的核心要义

科学有序推进碳达峰碳中和的第一个核心要义是减少碳排放。减碳是碳达峰碳中和的核心因素，是实现碳达峰碳中和的基本前提。在碳达峰碳中和的二者关系中，碳达峰是碳中和的基础和前提，碳中和是碳达峰的紧约束和硬约束。碳达峰的时间和峰值水平直接影响碳中和实现的时间和难度。达峰时间越早，减排压力就会越小；峰值越高，实现碳中和难度就越大。在减碳与增汇的关系中，减碳是主要矛盾，增加碳汇是次要矛盾，需要把主要精力放在减少碳排放上，花大力气解决碳排放量过高的问题。第二个核心要义是科学有序。实现“双碳”目标是一个复杂的系统工程，需要从实际出发，采用科学的方法，稳步推进，不能盲干。要统筹兼顾经济发展和“双碳”目标，坚持“先立后破”，不能冒失推进。要坚持系统观念、系统思维、系统方法，统筹兼顾各方面和全过程工作，统筹降碳、减污、扩绿、增长，处理好发展和减排、整体和局部、长远目标和短期目标、政府和市场四对关系，着眼长远，整体谋划和推进经济社会高质量发展。

四、科学有序推进碳达峰碳中和的有效渠道

科学有序推进碳达峰碳中和需要从供给、消费、固碳三端发力，统筹推进，积极实现碳中和这个最终目标。应采取以下四项措施：①坚持系统思维，加强顶层设计和多元共治。要从减碳源和增碳汇两个层面加强应对气候变化顶层设计，推动形成绿色发展方式和生活方式，形成供需协同发力、全社会共治共享格局。②采用科学方法，优化升级能源结构。完善能源强度和总量“双控”制度，控制化石能源消费；拓展应用可再生能源，构建以新能源为主体的新型电力系统，推动新型储能发展，开展配电网智能化升级改造，完善清洁能源消纳长效机制，推动能源生产全面脱碳。③坚持创新驱动，科技赋能工业制造。遏制“两高”行业盲目发展，推动钢铁、有色金属、建材、石化化工等高耗能高排放行业率先达峰；促进传统产业绿色低碳转型。积极推广低碳零碳负碳技术，优化生产工艺流程。构建绿色低碳制造体系。重点发展战略性新兴产业和先进制造业，开展绿色工厂、绿色工业园区、绿色供应链等示范项目。④采取有效手段，改变生活方式与消费行为。践行绿色消费理念，鼓励使用无毒、无害、可降解、能再生材料和

日常用品，建立绿色产品标识认证体系，增加绿色产品供给和消费。加速建筑零碳电气化，探索零碳社区建设，大力发展装配式建筑，开展超低、近零能耗建筑试点。通过财政补贴、税收等激励手段支持新能源汽车推广应用，引导绿色低碳出行。推进农业农村用能绿色低碳，推广应用智能家电、全电厨房和智能家居，促进家居生活电气化。

五、科学有序推进碳达峰碳中和的基本保障

要以生态文明高地建设为载体，全面贯彻落实党的二十届三中全会精神，不断推进生态文明建设体制机制创新，为科学有序推进碳达峰碳中和提供有力保障。应采取以下四项措施：①创新生态系统保护修复体制机制。以生态文明建设“八个新高地”为载体，深入开展保护“中华水塔”行动，加大生态保护力度，加快形成以国家公园为主体的自然保护地体系，强化国土空间规划和用途管制，减少人类活动挤占生态保护范围。②创新生态系统碳汇潜力开发机制。推进绿水青山工程、国土绿化行动和天然林保护工程，构建高原林网体系，推动山水田林湖草沙冰综合系统治理，巩固提升林草生态系统碳汇增量，持续扩大森林蓄积量和草原综合植被盖度，切实拓展扩充生态固碳容量。③推动生态碳汇关键技术创新。开展森林、草原、湿地等生态系统碳储量、碳汇功能评价及增汇潜力研究，探索碳汇增长经营方法和模式，建立碳汇开发试点工程，完善生态系统碳汇计量评价，提高响应气候变化应急能力。④创新碳汇产品价值实现机制。探讨将碳汇价值纳入生态补偿范畴的有效机制，逐步完善政府有力主导、社会有序参与、市场有效调节的生态补偿体制机制，不断拓宽生态产品价值转化渠道。

第四章

青海省碳排放的驱动因素及作用机制

准确测算碳排放量并识别影响因素和驱动因子，是青海省科学有序推进碳达峰碳中和的基础。为此，本章采用 IPCC 温室气体清单指南中的方法，测算了青海省 2000~2020 年主要行业终端能源消费碳排放量及各市（州）碳排放量，在此基础上分析了青海省碳脱钩水平及演化趋势，识别了青海省碳脱钩的影响因素和碳排放量的驱动因子。

第一节　青海省主要行业终端能源消费碳排放量

参照联合国政府间气候变化专门委员会（Intergovernmental Panel on Climate Change，IPCC）温室气体清单指南中的方法二，根据式（2–1）和式（2–2），基于能源消费部门对青海省能源消费所产生的二氧化碳排放量进行核算（见表 4–1）。

表 4–1　青海省经济发展能耗与碳排放情况

年份	地区生产总值（亿元）	能源消耗量（万吨）	碳排放量（万吨）
2000	263.68	897.23	1236.40
2001	294.56	939.33	1480.84

续表

年份	地区生产总值（亿元）	能源消耗量（万吨）	碳排放量（万吨）
2002	330.14	1018.83	1780.78
2003	366.03	1122.70	1987.69
2004	407.28	1364.38	2143.57
2005	452.89	1830.48	2075.85
2006	508.42	2085.84	2524.59
2007	571.82	2295.91	2788.02
2008	643.29	2497.74	3466.65
2009	708.26	2573.44	3325.51
2010	802.46	2814.57	3358.85
2011	902.37	3145.28	4392.14
2012	1003.44	3475.88	4819.28
2013	1111.81	3768.16	5479.57
2014	1214.09	3991.70	5682.55
2015	1313.28	4124.97	5649.96
2016	1416.25	4101.36	6174.54
2017	1518.78	4193.10	5852.97
2018	1627.22	4364.22	4975.01
2019	1725.67	4235.23	4432.24
2020	1751.56	4150.36	3891.46

注：地区生产总值和能源消耗量数据自 2001~2021 年《青海统计年鉴》和《中国能源统计年鉴》，GDP 采用 2000 年的可比价格。二氧化碳排放量根据式（2–1）和式（2–2）计算得到。

从表 4–1 可以看出，自西部大开发以来，青海省经济高速增长，能源消费规模也在不断扩大。青海省二氧化碳排放总量呈现出先升后降的趋势，2000~2020 年的二氧化碳峰值水平为 6174.54 万吨。

从利用效率上来看，青海省产出碳强度（二氧化碳排放量与地区生产总值的比值）在 2018 年达到峰值后开始下降，能耗碳强度（二氧化碳排放量与能源消费总量的比值）在 2005 年达到峰值后呈现波动下降趋势，经济增长逐渐摆脱能源消费和二氧化碳排放的趋势明显（见图 4–1）。

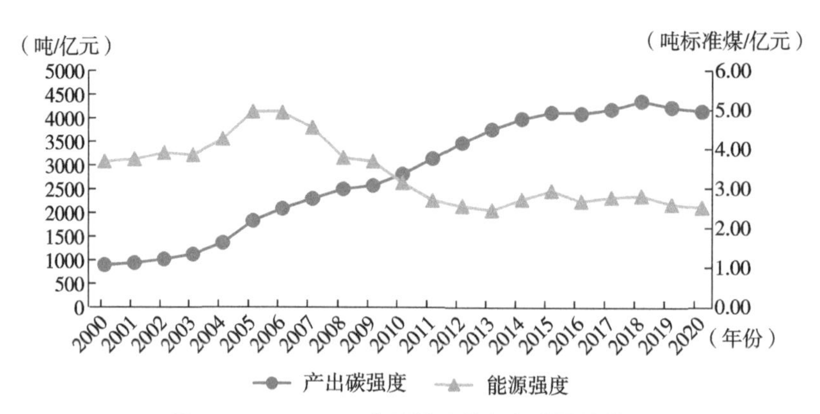

图 4–1　2000~2020 年青海省能耗与碳排放情况

资料来源：历年《中国能源统计年鉴》，笔者通过进行相关计算得到。

从年均产出碳强度（吨 / 亿元）来看，处于前四位的是西宁市（5.88）、海西州（5.02）、黄南州（4.09）、海东市（2.91），海北州、海南州、果洛州、玉树州四州的碳强度（吨 / 亿元）较低，分别为 2.20、2.40、2.74 和 2.51。从演化趋势来看，西宁市产出碳强度稳步下降趋势明显；黄南州和海西州呈“M”形变动趋势，自 2018 年呈现较明显下降趋势；果洛州和玉树州 2011~2018 年呈持续上升趋势，2018 年后开始下降；海南州、海北州、海东市自 2009 后开始逐步下降（见图 4–2）。

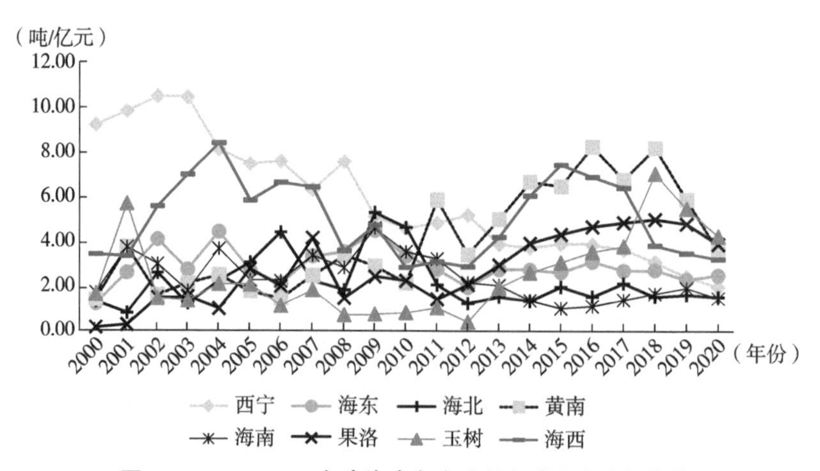

图 4–2　2000~2020 年青海省各市（州）碳强度演化趋势

资料来源：历年《中国能源统计年鉴》，笔者通过进行相关计算得到。

从年能耗强度（吨标准煤 / 亿元）来看，处于前四位的是西宁市（4.25）、海西州（3.71）、黄南州（3.10）、海东市（2.17），果洛州、玉树州、海南州、海北州四州的年能耗强度（吨标准煤 / 亿元）较低，分别为 2.15 、1.97、1.79 和 1.69。从演化趋势来看，西宁市年能耗强度自 2005 年后开始稳步下降；黄南州和海西州呈“M”形变动趋势，自 2017 年后，黄南州先上升后降，海西州则先降后略升；果洛和玉树州 2011~2018 年呈持续上升趋势，2018 年后开始下降；海南、海北、海东自 2009 后呈先降后缓慢上升趋势（见图 4–3）。

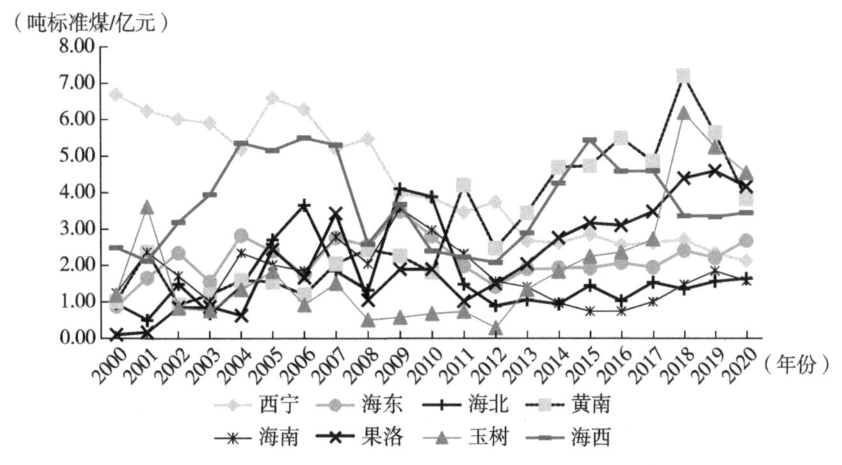

图 4–3　2000~2020 年青海省各市（州）能耗强度演化趋势

资料来源：历年《中国能源统计年鉴》，笔者通过进行相关计算得到。

第二节　青海省分行业能源碳排放量

从分行业能源消费碳排放情况来看，2000~2007 年青海省主要行业终端能源消费碳排放量保持在较低水平阶段；2008 年以后进入较高水平阶段。2000~2020 年工业年均碳排放占比达 70% 以上，现阶段青海省工业发展仍具有较强的锁碳效应。从主要能源品种碳排放量来看，煤炭占 68.32%，天然气占 15.91%，油品占 14.81%，净输入电力消费占 0.97%（见图 4–4）。

从行业碳排放占比来看，2000~2020 年青海省碳能源终端碳排放中，工业占比最高（74.83%），农林牧渔业占比最低（0.80%），居民生活占比较高（9.79%），建筑业，交通运输、仓储和邮政业，批发和零售业、住宿和餐饮业，其他行业分别占 1.22%、6.48%、2.26%、4.63%。

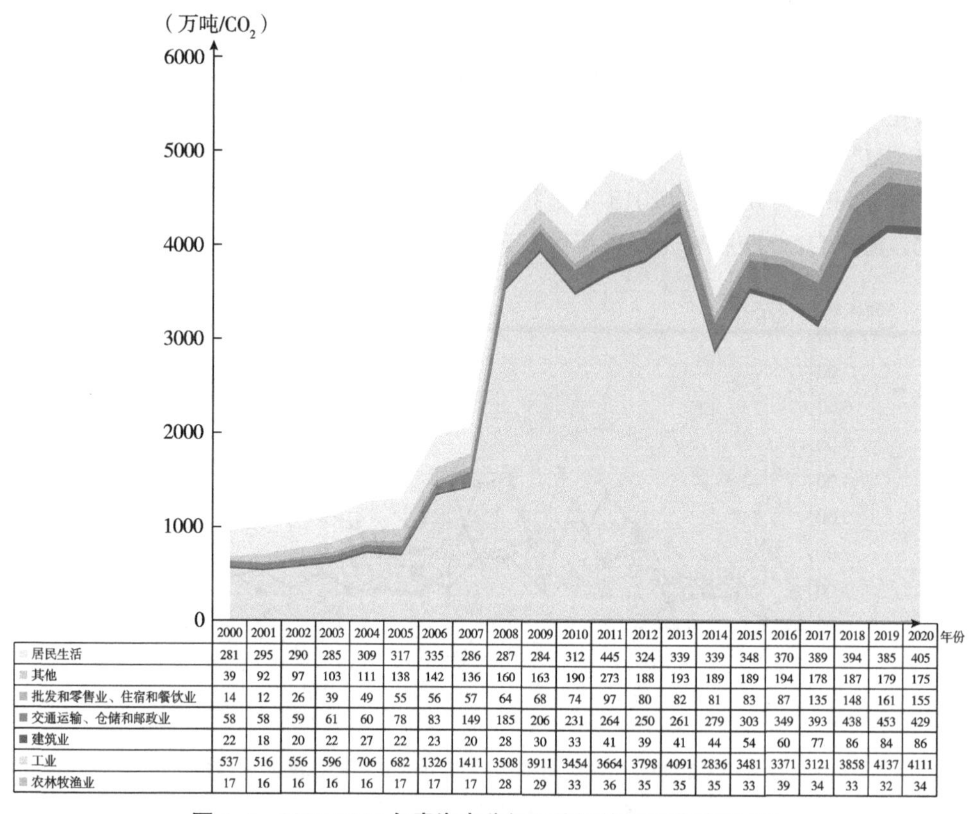

年份	2000	2001	2002	2003	2004	2005	2006	2007	2008	2009	2010	2011	2012	2013	2014	2015	2016	2017	2018	2019	2020
居民生活	281	295	290	285	309	317	335	286	287	284	312	445	324	339	339	348	370	389	394	385	405
其他	39	92	97	103	111	138	142	136	160	163	190	273	188	193	189	189	194	178	187	179	175
批发和零售业、住宿和餐饮业	14	12	26	39	49	55	56	57	64	68	74	97	80	82	81	83	87	135	148	161	155
交通运输、仓储和邮政业	58	58	59	61	60	78	83	149	185	206	231	264	250	261	279	303	349	393	438	453	429
建筑业	22	18	20	22	27	22	23	20	28	30	33	41	39	41	44	54	60	77	86	84	86
工业	537	516	556	596	706	682	1326	1411	3508	3911	3454	3664	3798	4091	2836	3481	3371	3121	3858	4137	4111
农林牧渔业	17	16	16	16	16	17	17	17	28	29	33	36	35	35	35	33	39	34	33	32	34

图 4-4　2000~2020 年青海省分行业能源终端消费情况对比

资料来源：历年《中国能源统计年鉴》，笔者通过进行相关计算得到。

第三节　青海省各市（州）碳排放量

根据式（2-25），结合省级二氧化碳排放计算结果，通过夜间灯光数据计算得到市州碳排放量并绘制演变趋势图（见图 4-5）。

从图 4-5 可以看出，青海省市州间碳排放水平存在较大差距，西宁、海西和海东这三个工业产值较高的市州对碳排放总量的贡献最大，其余 5 州碳排放合计仅占青海省碳排放总量的 13.29%，碳排放分布与工业分布状况基本一致。

从碳排放的时间变化趋势上来看，海西与西宁的波动幅度较大，且在 2014 年和 2016 年分别呈现下降趋势。而海东的碳排放仍以年均 20.25% 的增速在持续增加，在 2016 年达到高峰后下降但 2019 年后开始上升。

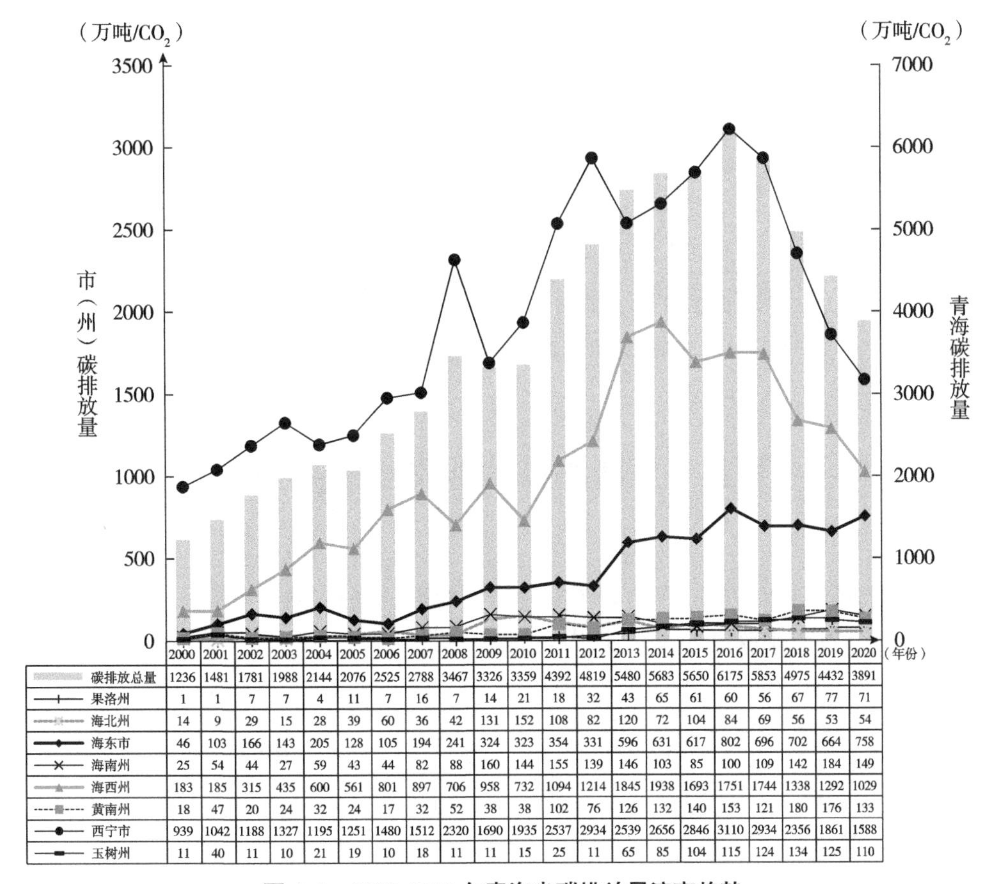

	2000	2001	2002	2003	2004	2005	2006	2007	2008	2009	2010	2011	2012	2013	2014	2015	2016	2017	2018	2019	2020
碳排放总量	1236	1481	1781	1988	2144	2076	2525	2788	3467	3326	3359	4392	4819	5480	5683	5650	6175	5853	4975	4432	3891
果洛州	1	1	7	7	4	11	7	16	7	14	21	18	32	43	65	61	60	56	67	77	71
海北州	14	9	29	15	28	39	60	36	42	131	152	108	82	120	72	104	84	69	56	53	54
海东市	46	103	166	143	205	128	105	194	241	324	323	354	331	596	631	617	802	696	702	664	758
海南州	25	54	44	27	59	43	44	82	88	160	144	155	139	146	103	85	100	109	142	184	149
海西州	183	185	315	435	600	561	801	897	706	958	732	1094	1214	1845	1938	1693	1751	1744	1338	1292	1029
黄南州	18	47	20	24	32	24	17	32	52	38	38	102	76	126	132	140	153	121	180	176	133
西宁市	939	1042	1188	1327	1195	1251	1480	1512	2320	1690	1935	2537	2934	2539	2656	2846	3110	2934	2356	1861	1588
玉树州	11	40	11	10	21	19	10	18	11	11	15	25	11	65	85	104	115	124	134	125	110

图 4-5　2000~2020 年青海省碳排放量演变趋势

资料来源：历年《中国能源统计年鉴》，笔者通过 IPCC 方法计算和夜间灯光数据估算得到。

第四节　青海省零碳能源生产能力

2000~2020 年青海省零碳能源生产能力指数 λ 平均值为 0.31，零碳能源生产能力较弱，但整体呈波动上升趋势，λ 值从 2000 年的 0.19 上升到 2020 年的 0.40，年平均增速为 4.11%。以 2013 年为节点，2000~2012 年平均零碳能源生产能力为 0.26，2013~2020 年平均零碳能源生产能力为 0.38，两个阶段零碳能源生产能力分异明显（见图 4-6）。

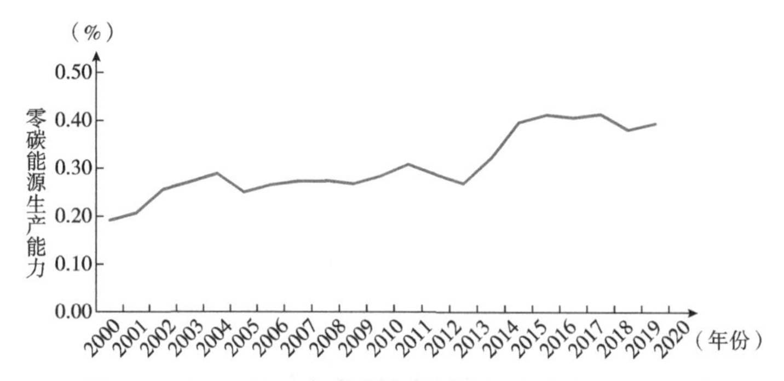

图 4-6　2000~2020 年青海省零碳能源生产能力演化趋势

第五节　青海省碳排放量发展趋势

根据青海省历年来能源消费（实物量）数据，按照煤炭、油品、天然气、净电力分类计算碳排放量并绘制演化趋势图（见图 4-7）。

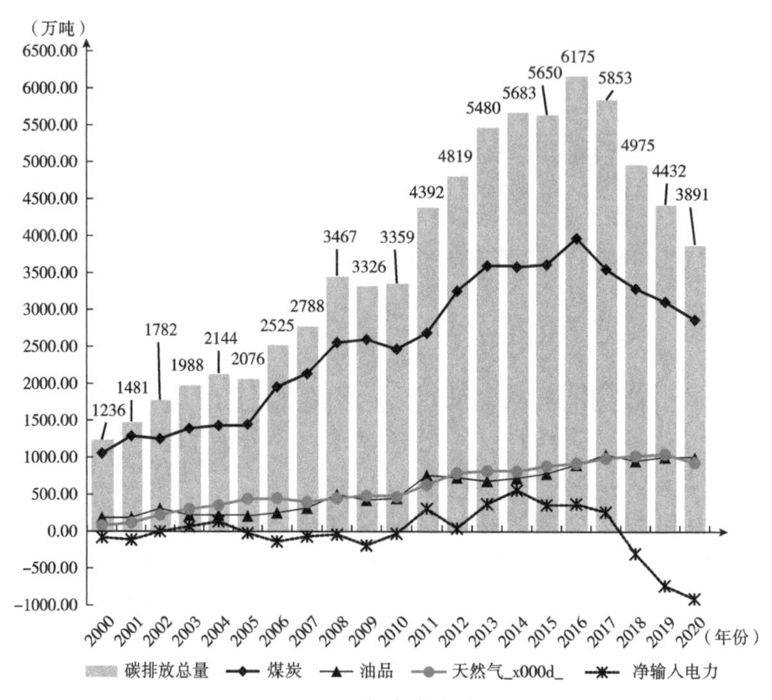

图 4-7　2000~2020 年青海省碳排放演变趋势

资料来源：历年《中国能源统计年鉴》《青海省统计年鉴》。

由图 4–7 可知，2000~2020 年青海省碳排放量经历了逐渐上升然后缓慢下降的趋势。从最初的 1236 万吨上升到 2016 年的 6175 万吨的峰值后开始逐年回落。从能源碳排放整体占比来看，煤炭占 68.50%，天然气占 16.30%，油品占 15.33%，净电力占 –0.15%。

2000~2020 年青海省 GDP 平均增速为 9.92%，平均增量为 71.88 亿元 / 年；碳排放量平均增速为 5.17%，平均增量为 107.47 万吨 / 年，运用 Tapio 模型计算的青海省经济发展与碳排放平均脱钩指数为 –0.08，整体上处于弱脱钩状态（见图 4–8）。

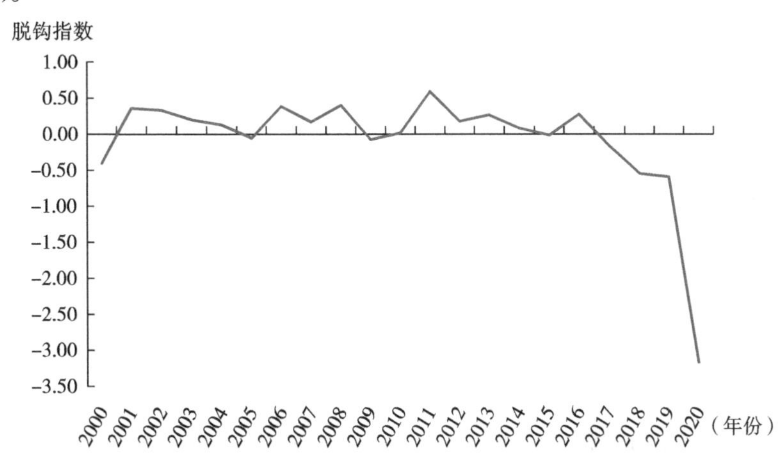

图 4–8　2000~2020 年青海省经济发展与碳排放的脱钩指数演化趋势

资料来源：历年《中国能源统计年鉴》《青海省统计年鉴》。

由图 4–8 可以发现，从不同时段来看，2000~2012 年青海省平均脱钩指数为 0.17，碳排放平均增量为 244.98 万吨，GDP 平均增量为 58.57 亿元，处于弱脱钩状态；2013~2020 年青海省平均脱钩指数为 –0.48，二氧化碳平均增量为 –115.98，GDP 平均增量为 93.51 亿元，处于强脱钩状态。

第六节　青海省碳排放的驱动因子及作用机制

在回归分析的基础上，利用 GDIM 分解法，可以分解出目标变量的主要影响因素，进而得到各个变量对碳排放的贡献率和贡献值。青海省资源储量丰富但发展相对滞后，现阶段的经济发展对资金投入和能源使用的依赖程度较高，且经济增长会受到绿色政策摆动性的影响而使得碳排放出现周期性波动。故借鉴邵帅等（2017）的做法，选取投资规模（X1）、产出规模（X3）和能耗水平（X5）三个绝对变量纳入模型当中，并在此基础上添加了投资碳强度（X2）、产出碳强度（X4）以及能耗碳强度（X6）三个相对变量。考虑到因素间的相互作用也可能会对碳排放产生影响，因此进一步考察了能源强度（X7）和投资效率（X8）对碳排放的影响程度。各变量的含义和计算方法见第二章中的表 2–3。

采用利用 R 语言软件对青海省碳排放的影响因素进行分解，发现青海省碳排放的促增因素为产出规模、能耗水平、投资规模和投资碳强度，促减因素为产出碳强度、能耗碳强度、能源强度和投资效率（见图 4–9）。

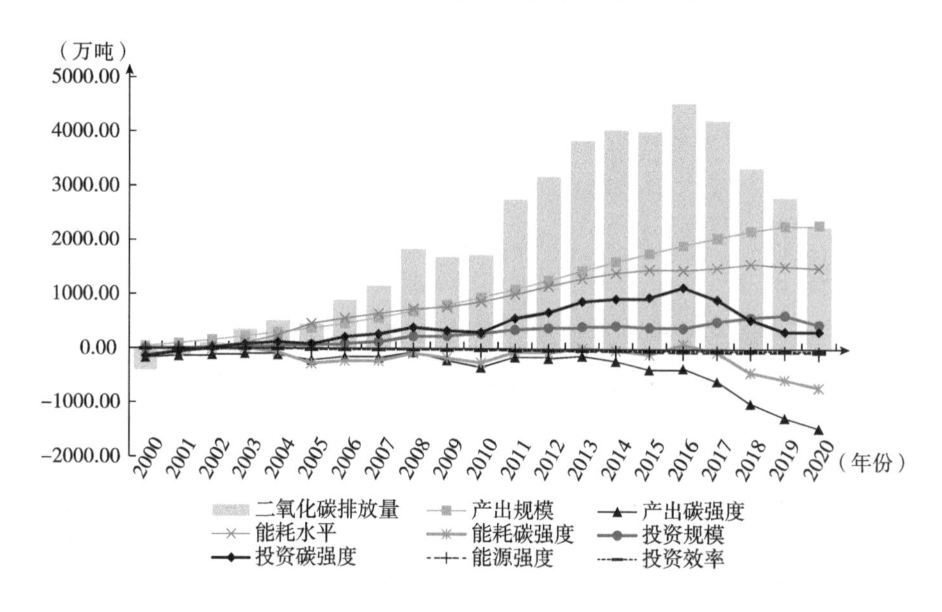

图 4–9　2000~2020 年青海省碳排放驱动因素的累计贡献值

资料来源：历年《中国能源统计年鉴》《青海省统计年鉴》。

2000~2020 年，青海省的产出规模、能耗水平、投资规模和投资碳强度对碳排放年均促增效应为 1024 万吨、847 万吨、264 万吨、447 万吨，产出碳强度、能耗碳强度、能源强度和投资效率对青海省年均碳排放促减效应分别为 −292 万吨、−119 万吨、−32 万吨和 −23 万吨。其中，青海省碳排放最大的促增因素是产出规模，最大的促减因素是产出碳强度。

第七节　青海省碳脱钩影响因素实证分析

一、模型构建

在已有研究成果的基础上，本书主要探讨经济规模、投资规模、产业结构、能源效率、科技投入、城镇化水平和环境规制等因素对碳排放脱钩指数可能产生的影响。脱钩指数（*decoupling*）采用经济增长碳脱钩指数和能源生产碳脱钩指数相结合的“碳双脱钩”综合指数衡量，该指数在传统碳排放脱钩模型的基础上加入了零碳生产能力对碳排放的影响，能够更全面地反映脱钩状态。本书借鉴许晓冬等的做法，基于熵值法构建了由 20 个年份、2 个评价指标组成的原始矩阵 $B_{20\times 2}$，将经济增长碳脱钩指数和能源生产碳脱钩指数进行无量纲化处理后得到标准化矩阵 $B'_{20\times 2}$，进而计算得到经济增长碳脱钩指数和能源发展碳脱钩指数的熵权 ew_{ij}，最终得到“碳双脱钩”的综合评价值 ddi。计算公式为：

$$ddi=\sum_{j=1}^{2}\sum_{i=1}^{20}ew_{ij}\times B'_{20\times2} \tag{4-1}$$

对青海省碳脱钩可能产生的影响因素主要有以下七个：①经济规模（*output*）直接影响到地区的能源使用量，对碳排放产生重要影响，用地区生产总值衡量。②投资作为拉动经济增长的“三驾马车”之一，是影响能源消耗和碳排放的重要因素，用固定资产投资额（*invest*）衡量。③产业结构（*industry*）事关能源消耗和碳排放量，采用第二产业产值占地区生产总值的比重来衡量。④能源效率（*effect*）体现资源耗减状况，采用每万元 *GDP* 能耗衡量。⑤科技投入（*tech*）对能源结构和碳排放量有重要作用，用 R&D 经费支出衡量。⑥城镇化水平（*urban*）与现代化水平和信息水平紧密相关，对生态环境和碳脱钩状态会产生一定影响，用城镇化率衡量。⑦环境规制（*environment*）会对碳排放及能源效率产生重要影响，采用环保投入衡量。为消除异方差的影响，对经济规模、投资规模、科技投入和环保支出做对数化处理（见表 4-2）。

表 4-2　各指标的描述性统计量

名称	样本	均值	标准差	最小值	最大值	变量描述
脱钩指数（*decoupling*）	20	0.71	0.16	0.40	0.98	碳双脱钩指数

续表

名称	样本	均值	标准差	最小值	最大值	变量描述
经济规模（ln*output*）	20	16.09	0.79	14.79	17.21	地区生产总值
固定资产投资额（ln*invest*）	20	15.74	0.95	14.27	17.01	固定资产投资额
产业结构（*industry*）	20	37.56	2.89	30.70	40.60	第二产业比重
能源效率（*effect*）	20	3.35	0.44	2.63	4.10	万元 GDP 能耗
科技投入（ln*tech*）	20	10.50	0.88	8.80	11.45	R&D 经费支出
城镇化水平（*urban*）	20	44.42	6.54	34.76	55.52	城镇化率
环境规制（ln*environment*）	20	12.49	0.90	11.04	13.68	环保支出

资料来源：《中国能源统计年鉴》《中国环境统计年鉴》《中国环境年鉴》《青海统计年鉴》，部分指标计算后得到。

最小二乘法是单一线性方程参数估计最常用的方法，适用于多个影响因素的边际效应分析。根据上述分析，本书构建计量模型如下：

$$decoupling = \beta_0 + \beta_1 \ln output + \beta_2 \ln invest + \beta_3 industry + \beta_4 effect + \beta_5 \ln tech + \beta_6 urban + \beta_7 \ln environment + \varepsilon_t \quad (4-2)$$

二、数据平稳性检验

一般而言，经济数据大多是非平稳的，经典回归分析要求数据满足平稳性假设，如果回归模型中的数据是非平稳的，那么“一致性”将会遭到破坏，导致“虚假回归”的问题。因此，在进行模型估计之前，需要先对数据进行平稳性检验。差分的意义在于消除时间序列数据中所包含的随机趋势，令数据变得平稳（见表 4-3）。

表 4-3　数据平稳性检验结果

变量	检验类型	ADF 统计值	临界值			检验结果
			1%	5%	10%	
脱钩指数（*decoupling*）	（c,0,1）	-2.046	-2.602	-1.753	-1.341	平稳
经济规模（ln*output*）	（c,t,1）	-0.285	-4.380	-3.600	-3.240	不平稳
固定资产投资额（ln*invest*）	（c,t,1）	-2.287	-4.380	-3.600	-3.240	不平稳
产业结构（*industry*）	（c,t,1）	-1.872	-4.380	-3.600	-3.240	不平稳
能源效率（*effect*）	（c,0,0）	-0.346	-2.567	-1.740	-1.333	不平稳

续表

变量	检验类型	ADF 统计值	临界值			检验结果
			1%	5%	10%	
科技投入（ln*tech*）	（c,t,1）	-1.600	-4.380	-3.600	-3.240	不平稳
城镇化水平（*urban*）	（c,t,0）	-1.226	-4.380	-3.600	-3.240	不平稳
环境规制（ln*environment*）	（c,t,1）	-1.702	-4.380	-3.600	-3.240	不平稳
经济规模（D.ln*output*）	（c,0,1）	-2.219	-2.624	-1.761	-1.345	平稳
固定资产投资额（D.ln*invest*）	（c,0,4）	-2.832	-2.896	-1.860	-1.397	平稳
产业结构（D.*industry*）	（0,0,0）	-3.074	-3.750	-3.000	-2.630	平稳
能源效率（D.*effect*）	（0,0,4）	-6.614	-3.750	-3.000	-2.630	平稳
科技投入（D.*tech*）	（c,0,4）	-1.932	-3.750	-3.000	-2.630	平稳
城镇化水平（D.*urban*）	（0,0,4）	-2.170	-2.896	-1.860	-1.397	平稳
环境规制（D.ln*environment*）	（c,0,4）	-2.431	-2.896	-1.86	-1.397	平稳

当 ADF 统计值小于临界值时，拒绝序列存在单位根的原假设。由表 4-3 可知，在 5% 的显著性水平下，脱钩指数的原序列平稳，经济规模、固定资产投资额、产业结构、能源效率、科技投入、城镇化水平和环境规制的原序列均存在单位根。因此，在进行最小二乘回归之前需要对所有解释变量进行一阶差分，差分后所有变量数据均变得平稳，形成一阶单整序列。

三、OLS 回归分析

根据单位根检验的结果，将双脱钩指数的原序列作为模型的被解释变量，进行普通最小二乘回归。在模型 1 中，以双脱钩指数为被解释变量，以差分后的经济规模、固定资产投资额、产业结构、能源效率、科技投入、城镇化水平和环境规制为解释变量进行普通最小二乘回归，得到以下回归方程。

$$decoupling = 0.5336 + 1.0747\ln output + 1.3199\ln invest + 0.0453industry - 0.2975effect - 0.0053\ln tech - 0.1495urban - 0.0611\ln environment + \varepsilon_t \quad (4\text{-}3)$$

从表 4-4 中模型 1 可知，经济规模、投资规模、能源效率和城镇化水平对青海省碳双脱钩指数具有显著影响。回归方程的拟合值为 0.6731，回归方程设定较为合理。但科技投入和环境规制对碳脱钩的影响不显著。因此，在模型 1 的基础上加入了科技投入和环境规制的交互项（*tech_enviro*），得到模型 2 的回归方程。

$$decoupling = 0.5091 + 0.9360 \ln output + 1.4810 \ln invest + 0.0629 industry - 0.3483 effect - 0.1345 urban - 0.4922 tech\_enviro + \varepsilon_t \quad (4-4)$$

从表 4–4 中模型 2 可知，虽然科技投入与环境规制的交互项对“碳双脱钩”指数并没有显著影响，但加入交互项后，产业结构对碳脱钩指数的影响显著，而其他因素的显著性水平均得到了提高。模型 2 的回归拟合达到 0.7178，较模型 1 而言具有更强的解释力度（见表 4–4）。

表 4–4　OLS 回归结果

变量	模型 1			模型 2		
	系数	t 值	p 值	系数	t 值	p 值
经济规模（D.ln*output*）	1.0747	1.82	0.0950*	0.9360	1.79	0.0990*
固定资产投资额（D.ln*invest*）	1.3199	3.07	0.0110**	1.4810	3.71	0.0030***
产业结构（D.*industry*）	0.0453	1.44	0.1780	0.0629	2.31	0.0400**
能源效率（D.*effect*）	−0.2975	−1.83	0.0950*	−0.3483	−2.38	0.0350**
城镇化水平（D.*urban*）	−0.1495	−2.68	0.0220**	−0.1345	−2.91	0.0130**
科技投入（D.ln*tech*）	−0.0053	−0.05	0.9650			
环境规制（D.ln*environment*）	−0.0611	−0.71	0.4920			
环境规制的交互项（*tech_enviro*）				−0.4922	−1.62	0.1310
_cons	0.5336	6.09	0.0000****	0.5091	6.50	0.0000***
R^2 值	0.6731			0.7178		

注：***、**、* 表示分别在 1%、5%、10% 的置信水平下显著。

（一）经济规模的影响

从回归结果中可知，经济规模作为碳双脱钩指数的促增因素之一，脱钩指数值与经济增长同方向变动，对青海省碳双脱钩状态具有显著的负向影响。模型 1 中经济规模的回归系数为 1.0747，表明前一期的 GDP 增长率每增加 1 个单位，则当期碳双脱钩指数就会增加 1.0747 个单位。加入科技和环境的交互项后，系数值下降到 0.9360，表明在能源使用效率不变的前提下，经济规模的扩大必然导致更多的能源消耗，进而使脱钩指数值增大，碳双脱钩状态被弱化。

（二）投资规模的影响

投资规模是碳双脱钩指数最主要的促增因素，模型 1 中的回归系数值为

1.3199，表明上一期固定资产投资增长率每增加 1 个单位，则当期的碳双脱钩指数就会增加 1.3199 个单位，固定资产投资对碳双脱钩状态产生显著的负向影响。加入科技与环境的交互项后，系数值上升为 1.4810，在控制科技和环境后，投资的促增作用会更加突出。当投资更多流向重能耗和高排放领域时，经济产出的碳排放量增加，碳双脱钩状态被弱化；当投资流入绿色行业和低碳部门时，碳双脱钩状态得到改善。

（三）产业结构的影响

产业结构是碳双脱钩的重要基础和影响因素。模型 1 和模型 2 均显示，脱钩指数与产业结构同向变动，表明在能源消耗水平一定的条件下，工业所占比例越高，碳脱钩水平越低。模型 1 中的回归系数值为 0.0453，表明前一期的工业占比每增加 1 个单位，则当期的碳双脱钩指数就会下降 0.0453 个单位，但不显著。加入科技与环境的交互项后，模型 2 的系数值增加为 0.0629，促增作用更为显著，结果具有统计学意义。说明在科技与环保投入的共同作用下，产业结构对“双碳脱钩”的作用更为明显。

（四）能源效率的影响

能源效率是碳双脱钩指数最主要的促减因素，模型 1 中的回归系数值为 –0.2975，表明前一期的能源使用效率每增加 1 个单位，则当期的碳双脱钩指数就会下降 0.2975 个单位。在科技和环境共同作用下，模型 2 的系数值下降为 –0.3483，促减作用更加显著了。随着能源使用效率的提升，双碳脱钩状态得到强化；同时随着科技进步与环保投入的增加，能源效率对双碳脱钩的效应更大。

（五）城镇化水平的影响

城镇化水平对碳双脱钩指数具有显著的负向影响，模型 1 中的回归系数值为 –0.1495，表明前一期城镇化率每提升一个单位，则当期的碳双脱钩指数就会下降 0.1495 个单位。在科技环境的交互作用下，系数值变大了，反映了科技和环境约束能够有利于促进碳双脱钩。虽然城镇化推动了人口集聚，促进了城镇经济的发展，工业部门碳排放量增加，但随着科技进步和政府环保投入增加，社会能源清洁化水平不断提高，城镇居民生活质量不断改善，碳双脱钩指数值不断减小，脱钩状态得到强化。

（六）科技投入和环保投入的影响

在模型 1 和模型 2 中，科技投入、环保投入以及两者交互项的系数分别为 –0.0053、–0.0611 和 –0.4922 ，三者与碳双脱钩指数呈相反方向变动，表明三者对碳双脱钩起着积极的促进作用。虽然三者都不显著，但科技投入和环保投入两者交互项控制下，产业结构的影响由不显著变为显著，经济规模和城镇化水平的系数变大，投资规模和能源效率的系数变小。表明科技投入与环保投入的共同作用会对其他因素对碳双脱钩的作用产生影响。

第五章

青海省典型行业碳排放及影响因素

在整体测算青海省碳排放量并分析其影响因素的基础上，仍有必要对青海省典型行业的碳排放量及驱动因素进行研究，以深入揭示青海省碳排放规律的全貌。为此，本章测算了青海省农业、建筑业的碳排放量，并分析其脱钩效应和驱动因素。同时测算了青海省行业隐含碳排放量，并分析其碳减排潜力。

第一节　青海省农业碳排放驱动因素及脱钩效应

由温室气体引发的一系列气候变化问题使农业生产环境条件发生改变，农业生产过程中二氧化碳、甲烷和氧化亚氮排放是农业温室气体排放的主要来源。我国作为农业大国，目前农业碳排放量处于增长状态，是仅次于工业的第二大碳排放源。推进农业绿色低碳发展是加快建设农业强国、实现人与自然和谐共生的中国式现代化的基本要求和重要任务，也是实现“双碳”目标的重要支撑。农业生产过程中既包含碳源，也包括碳汇，发挥农业减排固碳潜力意义重大。2021 年 3 月，习近平总书记在参加党的十三届全国人大四次会议青海代表团审议时作出“打造绿色有机农畜产品输出地”的重要指示，为青海农牧业高质量发展指明了方向。加快转变农业发展方式，促进生态保护与农业发展有机融合，实现绿色低碳的农业现代化是青海省科学有序推进碳达峰碳中和的重要支撑。

根据青海省农业生产实际情况，农业种植作物为耐旱作物，不涉及水稻，此外农作物秸秆资源综合利用率达到90.66%，故不考虑水稻生长和秸秆焚烧产生的碳排放。因此，本书以农用物资消耗、畜禽养殖和作物生长三种碳源测算青海省2000~2021年农业碳排放和农业碳效应，运用LMDI模型识别青海省农业碳排放的驱动因素，在此基础上，利用Tapio脱钩模型探讨青海省农业经济增长与农业碳排放的脱钩状态，最后通过灰色预测模型GM（1,1）预测2022~2035年青海省农业碳排放，以期为青海省实现“双碳”目标提供数据支撑和参考依据。

一、数据来源

青海省位于我国西部，青藏高原的东北部，地理位置介于东经89° 35′ ~ 103° 04′ ，北纬31° 36′ ~39° 19′ ，是农业区和牧区的分水岭，兼具了青藏高原、内陆干旱盆地和黄土高原的三种地形地貌，汇聚了大陆季风性气候、内陆干旱气候和青藏高原气候的三种气候形态，年平均气温 –5.1~9.0℃，降水量15~750毫米。2022年粮食播种面积为303.47千公顷，经济作物播种面积为282.72千公顷，牛、羊、猪、家禽出栏量为205.70万头、676.08万只、76.92万头、158.84万只，猪牛羊禽肉产量为40.87万吨。

考虑到数据可获得性，本书以青海省为研究对象，不测算其所辖二市六州的农业碳排放。化肥施用量、农用薄膜量、农药使用量、农用柴油量、农业灌溉和翻耕面积、畜禽饲养量、农作物播种面积、农业从业劳动力等数据均来源于2001~2022年《青海统计年鉴》。其中，化肥施用量采用化肥折纯量。由于畜禽饲养周期存在差异，参考胡向东和王济民（2010）做法，根据出栏率调整畜禽年均饲养量，当出栏率大于等于1时，年均饲养量为饲养周期 ×（年出栏量/365），本书中猪和家禽的平均生命周期为200d和55d；当出栏率小于1时，年均饲养量为畜禽的上年年末存栏量与本年末的存栏量的均值。本书按照1吨 CH_4 =6.82吨碳，1吨 N_2O =81.27吨碳换算成 C 当量计算农业碳排放。种植业、畜牧业、农林牧渔总产值以2000年为基期，采用平减指数法换算成可比价格进行计算。

二、青海省农业碳排放特征及净碳效应

在农业碳排放结构中，畜禽养殖产生的肠道发酵和粪便管理是造成青海省农业碳排放量增长的主要原因，平均占比达94.94%，农用物资消耗和作物生长产生的碳排放年均占比仅为4.08%和0.98%。畜禽养殖农业碳排放在2018年和

2019 年下降明显，可能的原因为受到非洲猪瘟影响，地区养殖规模大幅缩减，生猪产能降低、饲养量下降，导致农业碳排放量下降。青海省农业碳排放总量由 2000 年的 411.62 万吨上升至 2021 年的 575.06 万吨，22 年间增长了 39.71%，年均增长率为 1.61%。农业碳排放量始终高于农业碳汇总量，净碳效应为净碳排放效应，碳汇总量和净碳排放效应年均增长率为 1.05% 和 1.82%。农业碳排放增速低于农业碳汇增速，表明青海省农业在增汇减排上取得了一定成效。农业净碳排放效应与农业碳排放变化趋势接近，2000~2017 年处于波动上升趋势，受畜禽养殖农业碳排放影响在 2018~2019 年出现下降趋势，2020~2021 年农业碳排放量又开始上升（见表 5-1）。

表 5-1　2000~2021 年青海省农业碳排放及净碳效应值

单位：万吨、%

年份	农用物资		畜禽养殖		作物生长		碳排放总量	碳汇总量	净碳排放效应
	总量	比重	总量	比重	总量	比重			
2000	17.03	4.14	390.88	94.96	3.71	0.90	411.62	121.22	290.39
2001	16.26	3.86	400.93	95.24	3.76	0.89	420.95	141.89	279.06
2002	16.07	3.72	412.01	95.41	3.73	0.86	431.81	132.54	299.28
2003	15.51	3.56	416.15	95.58	3.73	0.86	435.39	123.71	311.68
2004	15.30	3.53	414.37	95.58	3.88	0.89	433.55	132.02	301.52
2005	15.76	3.63	414.88	95.45	4.02	0.93	434.66	141.78	292.88
2006	16.02	3.69	413.34	95.30	4.37	1.01	433.73	135.28	298.45
2007	16.39	3.66	427.00	95.34	4.49	1.00	447.88	148.33	299.55
2008	19.07	4.19	431.25	94.81	4.56	1.00	454.88	157.74	297.13
2009	19.57	4.25	436.15	94.74	4.66	1.01	460.38	160.96	299.42
2010	20.45	4.35	444.14	94.60	4.93	1.05	469.51	163.98	305.53
2011	21.74	4.57	448.77	94.34	5.20	1.09	475.71	167.26	308.45
2012	22.65	4.82	441.85	94.07	5.18	1.10	469.68	167.35	302.33
2013	22.13	4.61	452.31	94.28	5.32	1.11	479.77	159.29	320.48
2014	22.23	4.47	469.45	94.48	5.20	1.05	496.87	158.65	338.22
2015	23.16	4.59	475.72	94.39	5.14	1.02	504.02	156.61	347.41
2016	22.27	4.29	492.05	94.71	5.19	1.00	519.51	155.25	364.27
2017	22.52	4.30	496.53	94.75	5.01	0.96	524.06	150.76	373.30

续表

年份	农用物资		畜禽养殖		作物生长		碳排放总量	碳汇总量	净碳排放效应
	总量	比重	总量	比重	总量	比重			
2018	21.92	4.42	469.21	94.58	4.99	1.01	496.11	147.80	348.31
2019	20.09	4.23	449.87	94.76	4.80	1.01	474.76	148.13	326.63
2020	19.18	3.68	497.31	95.42	4.71	0.90	521.20	147.01	374.19
2021	18.73	3.26	551.68	95.93	4.65	0.81	575.06	150.85	424.22
均值	19.27	4.08	447.54	94.94	4.60	0.98	471.41	148.56	322.85

资料来源：2001~2022 年《青海统计年鉴》。

三、青海省农业碳排放的驱动因素

总体来看，青海省农业碳排放的总效应为 163.44 万吨，农业结构效应和农业经济发展水平效应为正向效应，促进农业碳排放的增加，农业生产技术效应和农业劳动力规模效应为负向效应，抑制农业碳排放的增加。农业生产技术效应的总贡献值为 –516.84 万吨，总贡献率为 –37.45%，远高于农业劳动力规模效应的总贡献值为 –91.43 万吨，总贡献率为 –6.63%，说明强化现代农业科技支撑，推进农业基础设施智能化信息化升级，控制农业从业劳动力人数、提升农业从业劳动力综合素质对减少青海省农业碳排放有积极作用。农业结构效应的总贡献值为 228.07 万吨，农业经济发展水平效应的总贡献值为 543.672 万吨，两者的总贡献率分别为 16.53% 和 39.40%，是青海省农业碳排放增加的主要原因。由于青海省的自然环境条件特点，因此农业中畜牧业发展规模较大，是青海省经济发展的优势产业，虽然农业经济得到了发展，但是由于畜牧业比重大，由此造成农业碳排放量不断增加（见表 5–2）。

表 5–2　2000~2021 年青海省农业碳排放驱动因素

单位：万吨、%

年份	农业生产技术效应		农业结构效应		农业经济发展水平效应		农业劳动力规模效应		总效应
	效应值	贡献率	效应值	贡献率	效应值	贡献率	效应值	贡献率	
2000~2002	–34.84	–25.06	9.71	6.99	71.67	51.56	–22.78	–16.39	23.77
2003~2005	40.54	17.23	–82.27	–34.97	76.27	32.42	–36.19	–15.38	–1.65
2006~2008	–49.60	–34.31	10.43	7.21	75.18	52.00	–9.36	–6.47	26.65

续表

年份	农业生产技术效应		农业结构效应		农业经济发展水平效应		农业劳动力规模效应		总效应
	效应值	贡献率	效应值	贡献率	效应值	贡献率	效应值	贡献率	
2009~2011	-145.56	-41.38	78.48	22.31	102.03	29.01	-25.66	-7.29	9.30
2012~2014	-148.88	-44.83	106.85	32.18	70.18	21.13	6.18	1.86	34.34
2015~2017	-144.13	-48.18	63.76	21.31	81.88	27.37	-9.41	-3.15	-7.91
2018~2021	-34.39	-23.28	41.11	27.83	66.46	44.99	5.77	3.91	78.95
总贡献值	-516.87	-37.45	228.07	16.53	543.67	39.40	-91.43	-6.63	163.44

资料来源：笔者计算所得。

四、青海省农业碳排放与经济增长脱钩状况

根据Tapio脱钩模型[①]，计算得到2000~2021年青海省农业碳排放脱钩弹性指数和脱钩指数。青海省农业碳排放与农业经济增长的脱钩状态共有弱脱钩、弱负脱钩和强脱钩三种，且主要以弱脱钩为主。仅2003~2006年出现弱负脱钩状态，反映农业经济增长放缓的同时农业碳排放量也在减少。其他年份农业经济均处于增长状态，强脱钩为农业碳排放减少，弱脱钩为农业碳排放缓慢增长，但增长幅度小于农业经济增长幅度，是一种较理想的状态。总体来看，2000~2021年青海省农业碳排放脱钩状态较为稳定，反映了青海省农业碳减排取得了一定成效。在剔除经济因素的影响后，其他驱动因素对青海省农业碳排放的总脱钩努力指数发生了弱脱钩、强脱钩和无脱钩的多次变化，反映了青海省碳减排努力有所下降。除个别年份外，农业生产技术和农业劳动力规模对青海省农业碳排放均有脱钩努力，表明强化现代农业科技支撑和开展农业从业人员教育培训对推动农业低碳发

---

① 农业经济增长与农业碳排放脱钩的计算公式如下：

$$e=\frac{\Delta E}{\Delta A}=\frac{(E_t-E_{t-1})/E_{t-1}}{(A_t-A_{t-1})/A_{t-1}},\quad \varepsilon=-\frac{\Delta E-\Delta E_I}{\Delta E_I}=-\left(\frac{\Delta E_V}{\Delta E_I}+\frac{\Delta E_S}{\Delta E_I}+\frac{\Delta E_P}{\Delta E_I}\right)=\varepsilon_V+\varepsilon_S+\varepsilon_P$$

其中，e表示脱钩弹性指数；ΔE表示农业碳排放变化量；ΔA表示农业总产值（种植业和畜牧业总产值）变化量；E_t和E_{t-1}分别为第t年和第$t-1$年的农业碳排放量；A_t和A_{t-1}分别为第t年和第$t-1$年的农业总值；ε为剔除经济因素后的脱钩努力指数；ε_V、ε_S、ε_P分别为农业生产技术、农业结构、农业劳动力规模对农业经济与农业碳排放的脱钩努力程度。$\varepsilon \geqslant 1$时为强脱钩效应；$0<\varepsilon<1$时为弱脱钩效应；$\varepsilon \leqslant 0$时为无脱钩效应。

展行之有效。农业结构则只在 2003~2006 年有强脱钩努力，其他年份均无脱钩努力，表明青海省农业结构调整的相关政策对减少农业碳排放作用不明显，农业结构优化还有很大的减排空间（见表 5–3）。

表 5–3　2000~2021 年青海省农业碳排放脱钩弹性指数与脱钩努力指数

年份	e	脱钩状态	ε_V	ε_S	ε_P	ε	脱钩状态
2000~2003	0.29	弱脱钩	0.49	–0.14	0.32	0.67	弱脱钩
2003~2006	0.03	弱负脱钩	–0.53	1.08	0.47	1.02	强脱钩
2006~2009	0.25	弱脱钩	0.66	–0.14	0.12	0.65	弱脱钩
2009~2012	0.03	弱脱钩	1.43	–0.77	0.25	0.91	弱脱钩
2012~2015	0.08	弱脱钩	2.12	–1.52	–0.09	0.51	弱脱钩
2015~2018	–0.02	强脱钩	1.76	–0.78	0.11	1.10	强脱钩
2018~2021	0.18	弱脱钩	0.52	–0.62	–0.09	–0.19	无脱钩

资料来源：笔者计算所得。

五、青海省农业碳排放量预测

根据 2000~2021 年农业碳排放数据，运用灰色预测模型 GM（1，1）预测 2022~2035 年青海省农业碳排放，结果如表 5–4 所示。通过计算，后验差比值 C=0.38，小误差概率 P=0.91，模型精度检验均合格，可以进行预测，得到青海省农业碳排放预测模型：x（k+1）=33924.05e（0.01k）–33512.43。预测模型值与实际值平均相对误差为 0.02，预测结果较好。从预测结果来看，青海省 2022~2035 年农业碳排放量仍处于增长状态，但年平均增长率为 1.23%，小于 2000~2021 年的年均增长率 1.61%（见表 5–4）。

表 5–4　2022~2035 年青海省农业碳排放预测

年份	2022	2023	2024	2025	2026	2027	2028
碳排放值	541.21	547.88	554.64	561.48	568.40	575.41	582.51
年份	2029	2030	2031	2032	2033	2034	2035
碳排放值	589.69	596.97	604.33	611.78	619.33	626.96	634.70

资料来源：笔者计算所得。

第二节　青海省建筑业碳排放演化特征及减排策略

《中国建筑能耗研究报告》显示，2020年全国建筑全过程碳排放量为50.8亿t，约占当年碳排放总量的一半。相关研究表明，到2050年，我国建筑业对全社会碳减排贡献量将超56%，潜在节能减排空间巨大。因此，早在2015年，《中共中央国务院关于加快推进生态文明建设的意见》（2015年4月25日）就提出“大力发展绿色建筑，大力推进绿色城镇化”。在我国推动绿色发展以实现碳达峰碳中和目标过程中，建筑业节能减排将成为关键一环和重点项目。《青海省碳达峰实施方案》（青政发〔2022〕65号）中作出了“实施城乡建设绿色发展行动”部署，提出了“统筹加强绿色建筑推广力度”等推进措施，建筑行业碳减排因此成为实现青海省“双碳”目标的关键核心因素。

掌握区域建筑碳排放总体规律是科学有序推进碳达峰碳中和进程的重要基础。青海地处青藏高原东北部，其建筑碳排放具有显著的区域特色和区域差异。研究青海整体建筑碳排演化特征及驱动因素，可以为政府推进绿色碳达峰行动提供依据。为此，本书利用排放因子法计算出2005~2020年青海省建筑业生命周期各阶段碳排放量，纵向对青海省建筑业碳排放时间演化趋势进行分析，横向上对住宅和非住宅建筑碳排放差异进行比较，并利用LMDI方法探讨建筑业碳排放量的驱动因素，开展减排策略研究，针对性地提出实现青海省建筑业绿色发展的措施及对策，对于青海科学有序推进碳达峰碳中和具有重要参考价值。

一、数据来源

2020年青海省建筑业增加值357.65亿元，青海省具有资质等级的总承包和专业承包建筑业企业451个，全年房屋建筑施工面积927.63万平方米，竣工面积355.70万平方米，建筑业成为青海省经济社会的重要组成部分。

建筑生命周期中主要碳排放阶段，包括建材生产、建筑施工（建造、拆除）和建筑运营阶段。本研究利用排放因子法计算出2005~2020年青海省建筑业生命周期各阶段碳排放量。为易于讨论，将民用建筑中除住宅建筑外的其他建筑统称为非住宅建筑。建材生产阶段和建筑施工阶段将碳排放总量按照竣工面积进行分配得到住宅和非住宅碳排放量，建筑运营阶段利用能源拆分法进行拆分计算。住宅建筑部分，主要采用剔除交通使用能耗（汽油、柴油的消耗）后的居民生活能耗来计算运营阶段的碳排放量。非住宅建筑部分，用剔除运输业、仓储和邮政业能耗后的第三产业的各种能源消耗量来计算运营阶段的碳排放量。

青海省建筑业碳排放量测算所需数据来源（如表 5–5 所示）。

表 5–5　青海省建筑业碳排放量测算数据来源

数据名称	来源
建材消耗和竣工面积数据	《中国建筑业统计年鉴》（2020）
建材碳排放因子	《GBT51366–2019 建筑碳排放计算标准》（2021）
青海省各类能源消耗数据	《中国能源统计年鉴》（2019）
各类能源碳排放因子	《GBT51366–2019 建筑碳排放计算标准》（2021） 黄蓓佳、蔡伟光、袁荣丽
青海省建筑业增加值和 GDP 数据	《青海省统计年鉴》（2019）

青海省建筑业各类建材和能源碳排放因子如表 5–6 所示。

表 5–6　各类建材和能源的碳排放因子

材料名称	排放因子	材料名称	排放因子
钢材	$2.05tCO_2/t$	天然气	$1.98tCO_2/m^3$
水泥	$0.74tCO_2/t$	汽油	$2.93tCO_2/t$
平板玻璃	$1.13tCO_2/t$	柴油	$3.10tCO_2/t$
铝材	$20.30tCO_2/t$	热力	$0.13tCO_2$/ 百万 kJ
原煤	$1.86tCO_2/t$	电力	$0.94kgCO_2/Kwh$
液化石油气	$3.10tCO_2/t$		

资料来源：《中国建筑业统计年鉴》（2020），《中国能源统计年鉴》（2019），《青海省统计年鉴》（2019），《GBT 51366–2019 建筑碳排放计算标准》（2019）。

二、青海省建筑业碳排放总体特征

依据已建立的建筑业碳排放核算模型，对 2005~2020 年青海省建筑业各生命周期阶段的碳排放量进行计算（见图 5–1）。

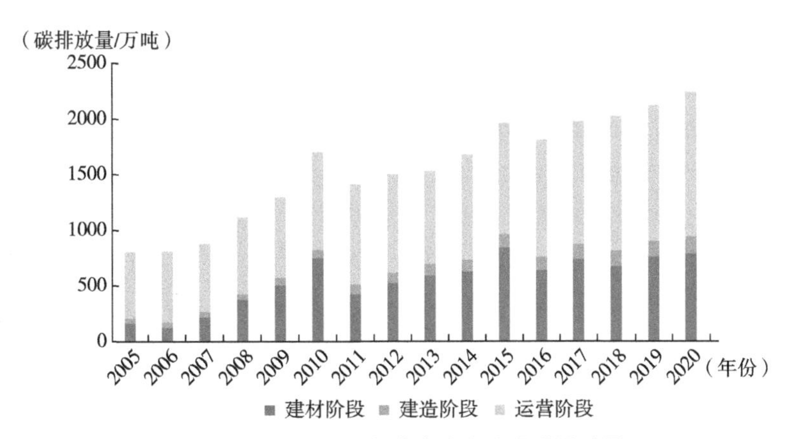

图 5-1　2005~2020 年青海省各阶段碳排放量

资料来源：笔者计算所得。

由图 5-1 可以看出，2005~2020 年青海省建筑生命周期碳排放总量持续波动增长态势，建筑碳排放总量由 2005 年的 805.61 万吨上升到 2020 年的 2240.84 万吨，年平均增速 7.1%。在整个建筑业生命周期中，建材生产阶段和建筑运行阶段是对建筑总体碳排放量贡献最大的两个阶段，所占比例超过了 90%。应以以上两个阶段为重点，有针对性地采取节能减排措施，实现青海省建筑业的绿色发展。

三、青海省建材准备阶段碳排放特征

建筑材料选取了钢材、铝材、水泥、玻璃这四类《中国建筑业统计年鉴》主要统计的建材。根据式（2-6），计算出 2005~2020 年青海省建筑业建材生产阶段的碳排放量（见图 5-2）。

结果表明，2005~2020 年青海省建材生产阶段碳排放呈先增后降趋势，年均增长率 11.0%，并在 2015 年碳排放量达到最高值 843.66 万吨，主要是因为该年铝材消耗量急剧增加导致的。值得注意的是，近五年平均增速为 5.3%，可见《青海省绿色建筑行动实施方案》已初见成效。从建材类型来看，钢材和水泥的碳排放量占比 70% 以上（2015 年除外），是建材生产阶段最主要的碳排放来源，其次是铝材和玻璃。

2005~2020 年住宅建筑和非住宅建材生产阶段碳排放量总体保持波动增长态势，两者均在 2015 年达到最高值，其中住宅和非住宅建筑碳排放峰值分别为 508.07 万吨和 335.59 万吨，2015 年是青海省建筑业发展的一次机遇。需要注意的是，住宅碳排放总量普遍要比非住宅碳排放总量要大（2006年除外），表明在推进青海省城镇化和移民搬迁项目过程中，住宅建筑项目占据了建筑业市场中较大份额。进一步观察可知两者差距呈波动变化，起伏较大，其中2009年、2010年、2013年、2015年、2019年、2020年住宅与非住宅建筑的碳排放量差值较大（100万吨以上），其余年份两者差距较小，两者发展处于非同步状态（见图5-3）。

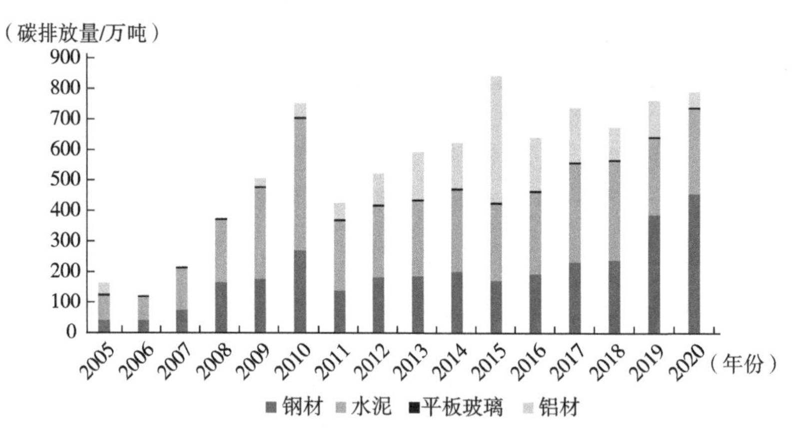

图5-2　2005~2020年青海省主要建材生产阶段碳排放量

资料来源：笔者计算所得。

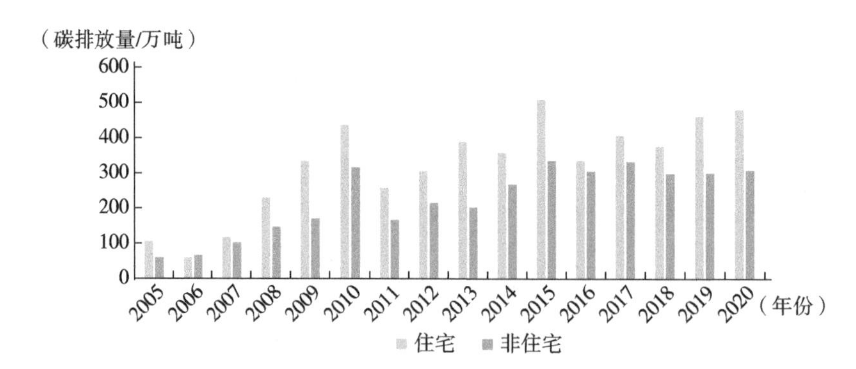

图5-3　2005~2020年青海省住宅和非住宅建筑建材生产阶段碳排放量对比

资料来源：笔者计算所得。

四、青海省建筑施工阶段碳排放特征

根据式（2-7），计算得到2005~2020年青海省建筑施工阶段碳排放量（见图5-4）。

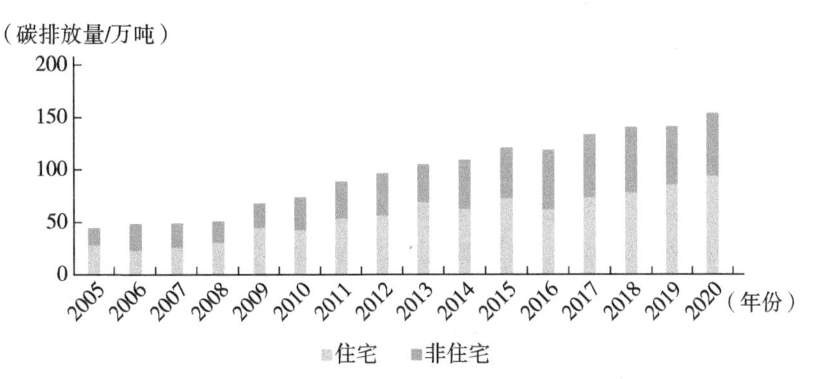

图 5-4　2005~2020 年青海省住宅和非住宅建筑施工阶段碳排放量对比

资料来源：笔者计算所得。

由图 5-4 可知，2005~2020 年青海省建筑施工阶段碳排放量呈持续增长趋势，年平均增长率为 8.6%，增长速率较快，并在 2020 年达到最高峰 154.05 万吨。住宅及非住宅建筑在施工阶段碳排放量持续波动性变化，但波动幅度不大。其中住宅建筑碳排放量在 2020 年达到最高峰 93.91 万吨，非住宅建筑碳排放量在 2018 年达到最高峰 62.25 万吨，该阶段整体的碳排放量总量要低于建材准备和建筑运营阶段。

五、青海省建筑运营阶段碳排放特征

根据式（2-8），计算得到 2005~2020 年青海省建筑运营阶段碳排放量（见图 5-5）。

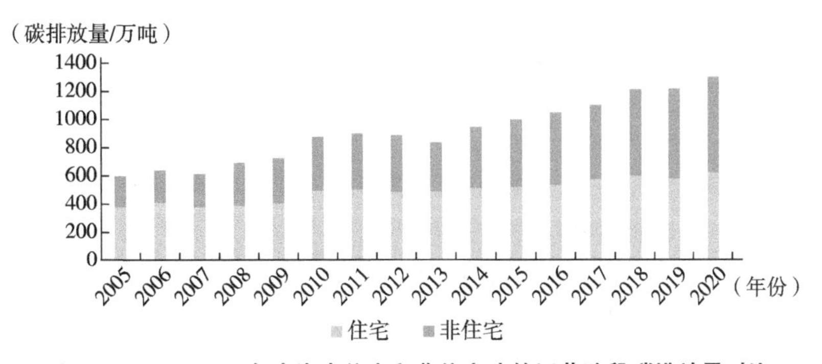

图 5-5　2005~2020 年青海省住宅和非住宅建筑运营阶段碳排放量对比

资料来源：笔者计算所得。

整体来看，2005~2020 年青海省建筑运营阶段碳排放量呈持续增长趋势，年平均增长率为 5.3%，增长速率较缓，并在 2020 年达到最高值 1296.24 万吨。住宅与非住宅建筑运营阶段碳排放量变化相似，都呈波动上升趋势，但非住宅建筑的碳排量增长速率要大于住宅建筑，两者均在 2020 年达到峰值，分别为 616.39 万吨和 680.25 万吨。2005~2017 年青海省住宅建筑运营阶段碳排放量均大于非住宅建筑，且碳排放量差值在 2013 年之后呈递减趋势。值得注意的是，2018~2020 年青海省住宅建筑运营阶段碳排放量均小于非住宅建筑，且碳排放量差值在逐年上升，表明近年来住宅建筑市场趋于饱和，发展达到平稳状态；非住宅建筑逐渐成为建筑行业发展的主力军。

从青海省建筑行业能源消费结构来看，就住宅建筑而言，原煤和电力消耗产生的碳排放量贡献最大，占 60% 以上。其中电力消耗碳排放量与总体运营阶段碳排放趋势一致，并在 2020 年达到最大值 343.38 万吨。原煤消耗碳排放量呈先升后降趋势，自 2011 年达到峰值后，保持逐年下降趋势并在 2020 达到最低值 109.31 万吨。相较原煤和电力，液化石油气和热力碳排放量所占比重较小，最多的一年为 2010 年的 76.02 吨，占总排放量的 15%（见图 5-6）。

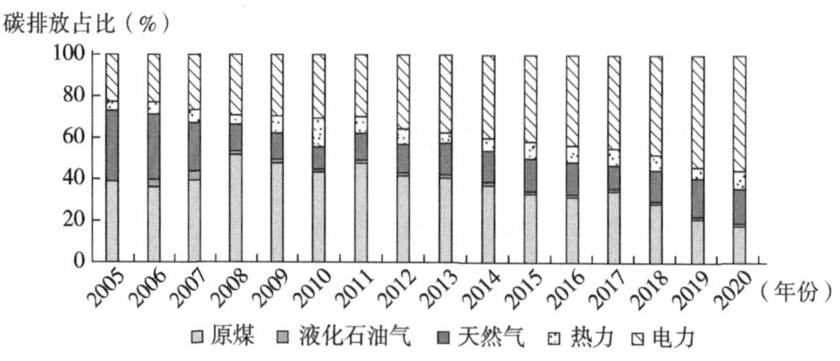

图 5-6　2005~2020 年青海省建筑运营阶段住宅各类能源碳排放占比

资料来源：笔者计算所得。

从公共建筑来看，运营阶段中电力消耗产生的碳排放量占比逐年增大，由 2005 年的 27.94% 增长至 2020 年的 51.40%，其次为天然气和柴油。原煤占比呈先升后降趋势，整体变动较大，2010 年达到最高值 34.74%，此后逐年降低，并在 2020 年达到最低值 2.49%。原煤、液化石油气等高排放能源比重的减小，表现出青海省能源消耗朝绿色清洁方向发展，但电力消耗逐渐增大，需要改善发电方式，增大绿电的使用比例（见图 5-7）。

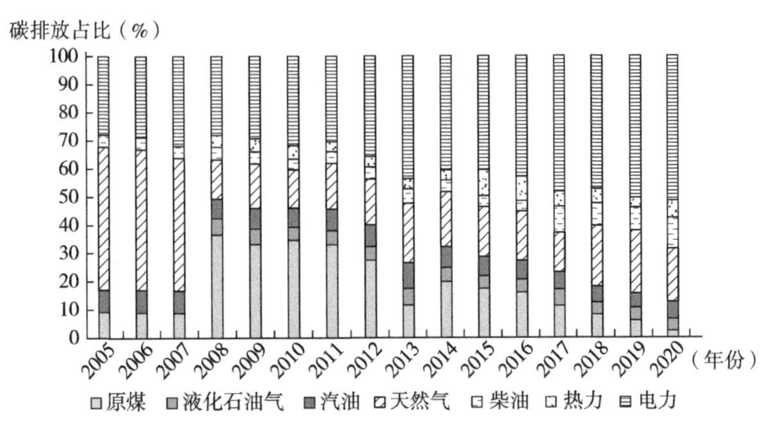

图 5-7　2005~2020 年青海省建筑运营阶段非住宅各类能源碳排放占比

资料来源：笔者计算所得。

六、青海省建筑行业碳排放的影响因素

依据已建立的 LMDI 因素分解模型，对 2005~2020 年青海省建筑业的碳排放量进行分解，分别计算出建筑业的能源消费碳强度效应、能源强度效应、经济结构效应、总产出规模效应引起的建筑业碳排放量变化，结果如表 5-7 所示。

表 5-7　2005~2020 年青海省建筑碳排放影响因素分解

年份	能源消费碳强度效应	能源强度效应	经济结构效应	总产出规模效应	总效应
2005~2006	−40.55	−15.50	−65.90	128.11	6.16
2006~2007	132.66	−138.70	−101.55	175.35	67.77
2007~2008	191.23	−106.08	−65.54	218.18	237.79
2008~2009	129.80	−136.43	129.67	56.21	179.25
2009~2010	233.55	−196.80	74.12	293.26	404.14
2010~2011	−457.17	−82.55	−30.41	279.83	−290.31
2011~2012	149.40	−246.30	28.53	158.87	90.51
2012~2013	96.14	−255.61	14.64	172.93	28.10
2013~2014	−13.15	−107.14	147.05	120.97	147.74
2014~2015	267.34	−245.01	108.17	153.73	284.23
2015~2016	−203.88	−153.21	−15.62	218.25	−154.46
2016~2017	82.64	−66.52	−15.80	165.55	165.86
2017~2018	−156.46	61.52	−68.36	217.19	53.90

续表

年份	能源消费碳强度效应	能源强度效应	经济结构效应	总产出规模效应	总效应
2018~2019	90.03	−101.78	−36.36	140.71	92.60
2019~2020	88.92	−93.12	75.81	50.35	121.95
累积效应	590.50	−1883.21	178.45	2549.49	1435.23

资料来源：笔者计算所得。

根据表 5–7 计算结果，绘制 2005~2020 年青海省建筑碳排放影响因素分解（见图 5–8）。

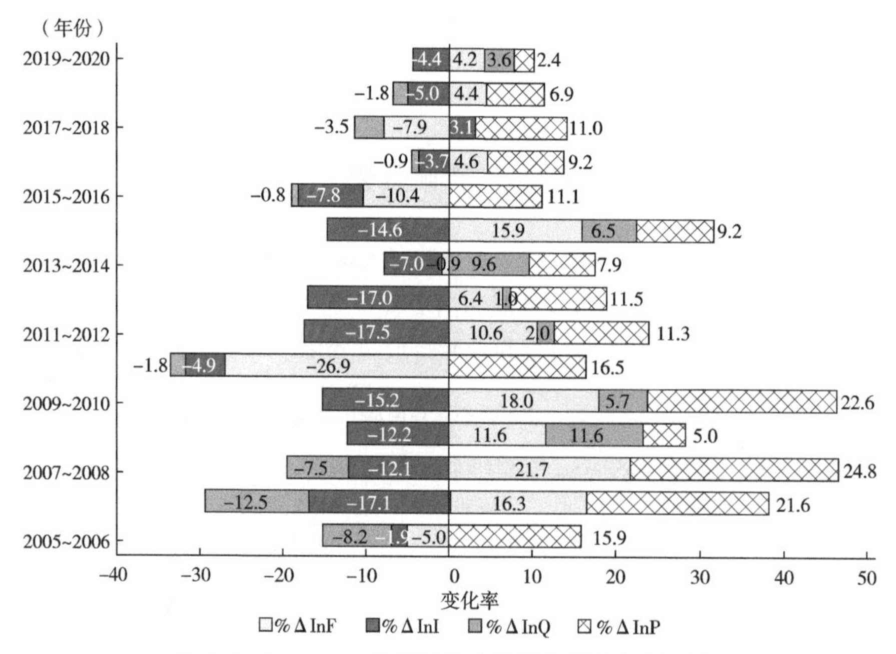

图 5–8　2005~2020 年青海省建筑碳排放影响因素分解

资料来源：笔者计算所得。

从整体来看，能源消费碳强度效应、经济结构效应、总产出规模效应为正，是促进建筑业碳排放量增加的因素，能源强度效应为负，是建筑业碳排放量降低的因素。其中总产出规模效应影响程度最大，每年都平稳增加，表明建筑业规模不断增长是促使青海省建筑业碳排放增加的主要因素。能源消费碳强度效应除个别几年外一直保持增碳作用，但数值显著降低，表明青海省清洁能源转型对建筑行业碳排放的作用明显。能源强度效应除 2017~2018 年一直为负效应，表明建筑业能源利用效率大幅提高。经济结构效应存在反复更迭现象，但总体呈现“负—正—负”的趋势，表明青海省经济结构不断调整，在近几年建筑业在地区生产总值占比逐渐降低，对建筑业碳排放下降带来积极影响。

第三节　青海省行业隐含碳排放及碳减排潜力

青海省是全国清洁能源产业高地，碳排放总量全国排名较低、总体清洁能源储量大、固碳资源丰富，是巨大的碳汇盈余地。青海省冰川固碳持碳功能突出，拥有森林、草原、湿地、冻土、冰川等多种大型固碳资源，为省内碳汇资源的主要来源。除了固碳端青藏高原特殊地理区位因素，加快供给端和消费需求端碳减排对实现“双碳”目标显得尤为重要。因此，测算青海省直接碳排放和隐含碳排放及其强度，通过碳减排潜力模型，从生产者视角和最终消费视角深入剖析各部门隐含碳排放情况，对实现青海省高质量发展和推进生态友好的现代化建设具有重大意义。

一、数据来源

青海省各部门能源消费量源自《2018 青海统计年鉴》和《2018 中国能源统计年鉴》[①]；各化石能源碳氧化率等参数分别来源于《2018中国能源统计年鉴》和《中国温室气体清单研究》；42 部门投入产出表来源于《2017 年青海投入产出表》。由于 42 部门投入产出表和青海省终端能源消费表中的行业划分有所不同，因此参照曲英等的划分方法，将 42 部门重新划分合并为 28 个行业（见表 5-8）。

表 5-8　青海省行业部门归类

编码	名称	编码	名称
a	农林牧渔业	f	食品和烟草业
b	煤炭开采和洗选业	g	纺织业
c	石油和天然气开采业	h	纺织服装鞋帽皮革羽绒及其制品业
d	金属矿采选业	i	木材加工品和家具制造业
e	非金属矿采选业和其他矿采选业	j	造纸印刷和文教体育用品制造业

① 青海省投入产出表每五年公布一次。最新公布的是 2017 年数据。

续表

编码	名称	编码	名称
k	石油、炼焦产品和核燃料加工品业	t	仪器仪表制造业
l	化学原料和化学制品制造业	u	废弃资源综合利用业
m	非金属矿物制品业	v	电力、热力的生产和供应业
n	金属冶炼和压延加工业	w	燃气生产和供应业
o	金属制品业	x	水的生产和供应业
p	通用及专用设备制造业	y	建筑业
q	交通运输设备制造业	z	交通运输、仓储和邮政业
r	电气机械和器材制造业	aa	批发零售和住宿餐饮业
s	通信设备、计算机和其他电子设备制造业	ab	其他行业

资料来源：笔者计算所得。

二、基于能源消费的直接碳排放量

青海省分行业直接碳排放结果表明，各化石能源消费碳排放总量为 42.39 百万吨，其中金属冶炼和压延加工业（以下简称金属加工业）是最大的碳排放部门，占直接碳排放总量的 35.93%（15.23 百万吨）。化学原料和化学制品制造业（以下简称化工业）和非金属矿物制品业（以下简称非金属制品业）占比分别为 17.68%（7.49 百万吨）和 7.63%（3.23 百万吨）（见表 5-9）。

表 5-9　青海省细分部门直接和间接碳排放强度

单位：吨 / 万元

编码	直接碳强度	间接碳强度	编码	直接碳强度	间接碳强度
a	0.4453	0.3653	j	0.0456	0.1954
b	0.4591	0.2075	k	0.8370	0.3343
c	10.7456	2.9509	l	5.9962	6.1043
d	1.3264	1.9999	m	3.4712	1.8411
e	1.3349	2.2510	n	7.0058	8.6379
f	0.0920	1.8585	o	0.1414	0.3203
g	0.1591	0.2823	p	0.1175	0.9647
h	0.1934	0.1426	q	0.0500	0.1776
i	0.0749	0.2325	r	0.2844	0.1779

续表

编码	直接碳强度	间接碳强度	编码	直接碳强度	间接碳强度
s	0.1100	0.1513	x	1.6556	1.3072
t	1.8993	1.3954	y	3.8317	1.2712
u	2.2589	1.1093	z	2.3576	2.2400
v	0.2974	1.1331	aa	1.3749	1.2487
w	1.4614	1.2005	ab	0.7117	0.6991

资料来源：笔者计算所得。

碳排放强度和碳排放总量呈现非线性的互动关系，如石油和天然气开采业（以下简称开采业）碳排放量较低，碳排放强度却最高，达到 10.7456 吨 / 万元，其次是金属加工业为 7.0058 吨 / 万元，化工业为 5.9962 吨 / 万元（见图 5–9）。

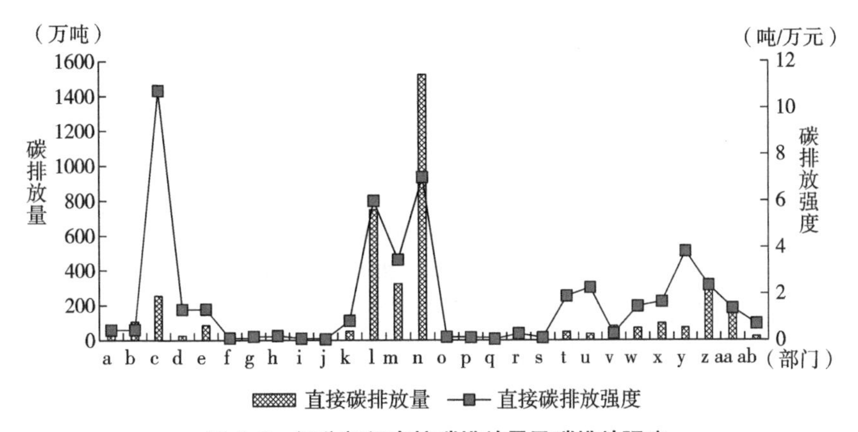

图 5–9　细分部门直接碳排放量及碳排放强度

资料来源：笔者计算所得。

由上述分析可知，碳排放量和碳排放强度高的部门均属于制造业，需要加快产业结构向第三产业转型升级。由于直接碳排放量和碳排放强度无法直接全面地衡量该部门全过程碳排放情况，因此有必要采用 EIO–LCA 模型，对生产链和最终消费视角引起的隐含碳排放进行核算。

三、生产链视角的隐含碳排放量

采用 EIO–LCA 模型从生产者视角分析可知，青海省间接碳排放总量为 18.09

百万吨，其中，排名前三的部门分别为部门 l（化工业,3.29 百万吨），部门 k（石油、炼焦产品和核燃料加工品业，以下简称燃料加工品业 1.89 百万吨），部门 m（非金属制品业，1.65 百万吨），分别占碳排放总量的 18.17%、10.44% 和 7.53%。上述部门均为生产链上游的能源供应行业，对下游各产业的发展影响极大（见图 5–10）。

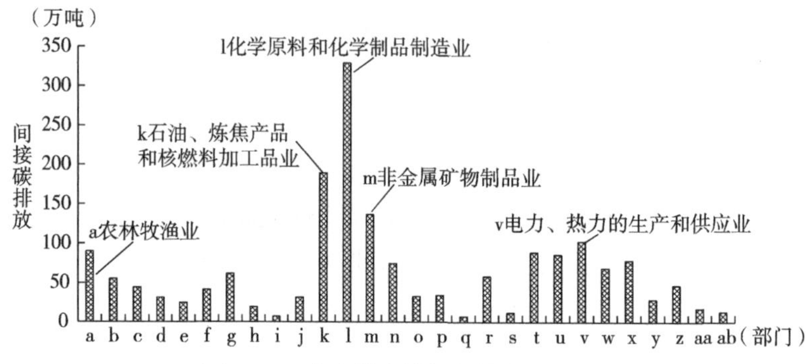

图 5–10　生产供应链视角的碳排放总量

资料来源：笔者计算所得。

通过对化工制造部门的总体碳排放进行各部门具体分解分析发现，部门 l（化工业）碳排放量最高，为 109.04 万吨，占该部门碳排放总量的 33.15%。其次是部门 n（金属加工业，48.43 万吨）的贡献为 14.72%，农林牧渔业（部门 a）、通用及专用设备制造业（部门 p，以下简称通专用设备制造业）、交通运输仓储及邮政业（部门 z，以下简称交运仓邮业）的贡献也不容忽视，分别占 9.66%、5.47% 和 5.46%（见图 5–11）。

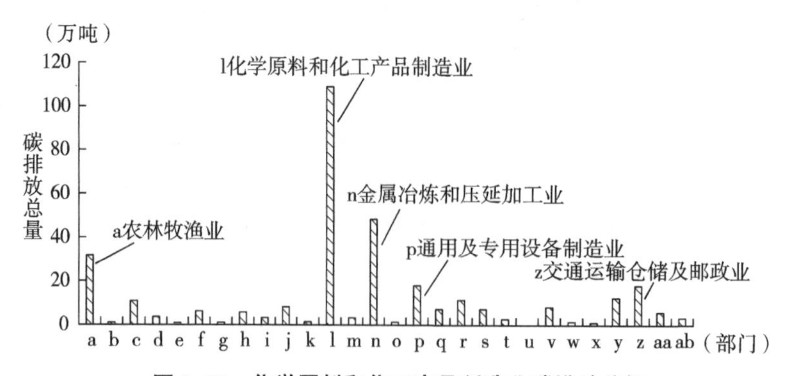

图 5–11　化学原料和化工产品制造业碳排放分解

资料来源：笔者计算所得。

四、消费需求视角的隐含碳排放量

基于消费需求视角，从消费终端分别对隐含碳排放进行核算并绘图分析，总体分为青海省居民消费、政府消费、资本形成消费以及出口消费四个部分（见图 5-12）。

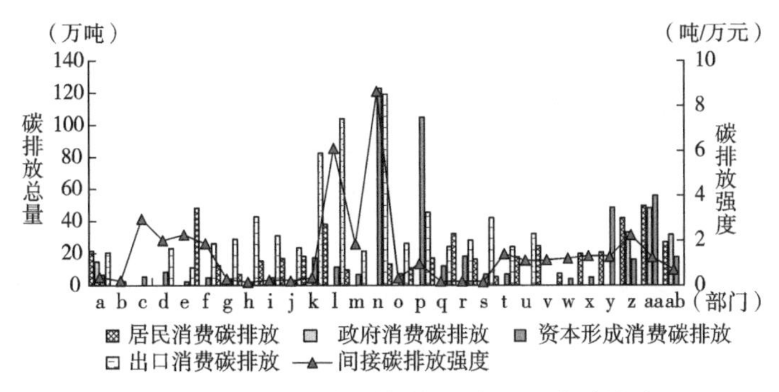

图 5-12　最终消费引起的 28 部门隐含碳排放

资料来源：笔者计算所得。

可以看出 2017 年青海省各行业因为最终需求导致的隐含碳排放总量为 18.76 万吨，其中出口消费占比最大（7.55 百万吨），占总排放量的 40.25%，其余为资本形成消费（5.04 百万吨）、居民消费（4.89 百万吨）和政府消费（1.27 百万吨），占比分别为 26.91%、26.07% 和 6.78%。其中，部门 n（金属加工业）、部门 l（化工业）和部门 k（燃料加工品业）引起的碳排放量所占比重较大。

从各部门间接碳排放强度来看，间接碳排放强度第一的是金属加工业（部门 n，8.6379），其次是化工业（部门 l，6.1043），开采业（部门 c，2.9509）。其中，部门 p（通专用设备制造业）、部门 f（食品和烟草业）、部门 y（建筑业）和部门 aa（批发零售和住宿餐饮业）碳排放量和碳排放强度不成比例，甚至呈现碳排放量越高，碳排放强度越低的现象。近年来，学者发现建筑业碳排放量占总体碳排放量的比重在不断上升，这与城市化进程加快有着密切的联系。城市化的不断加快会引发城市建筑面积的扩大，会引起钢筋水泥等建筑用材的消耗量快速增长，从而推动与建筑有关的多个行业碳排放量大幅增长。

五、碳减排潜力

根据碳减排效应和碳减排总量核算结果，可以发现这两者之间没有直接的明

显关联，在产值变化 1% 的情况下，除其他行业（ab）外，碳减排效应最高的是金属加工业达到了 2.59 吨 /10^4 元，其次分别是化工制造业（2.08 吨 /10^4 元）、电热生产供应业（2.01 吨 /10^4 元）、交运仓邮业（1.84 吨 /10^4 元）和开采业（1.69 吨 /10^4 元）。从碳减排总量来看，部门产值变动 1% 引起的金属加工业减排量达 1.9118 百万吨。非金属矿采选业和其他矿采选业（以下简称其他矿采选业）为 1.9064 百万吨、农林牧渔业为 1.1266 百万吨，金属矿采选业为 0.7816 百万吨、燃料加工品业为 0.6755 百万吨、电器机械器材制造业（以下简称器材制造业）0.6427 百万吨（见图 5-13）。

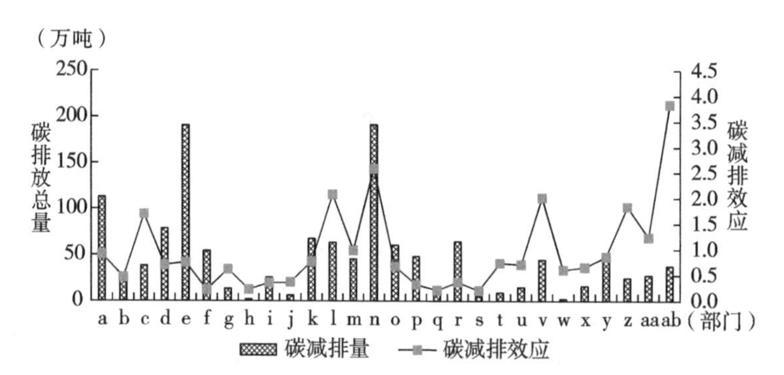

图 5-13　青海省 28 部门碳减排潜力分析

资料来源：笔者计算所得。

参考王家明等（2022）的做法，计算青海省 28 部门碳减排潜力（见表 5-10）。

表 5-10　青海省 28 部门碳减排潜力梯队

部门	碳减排效应排名	碳减排量排名	碳减排潜力梯队	部门	碳减排效应排名	碳减排量排名	碳减排潜力梯队
a	20	26	第一梯队	i	6	11	第三梯队
b	9	12	第三梯队	j	7	4	第三梯队
c	23	15	第二梯队	k	18	24	第一梯队
d	14	25	第二梯队	l	26	22	第一梯队
e	17	27	第一梯队	m	21	17	第一梯队
f	3	20	第二梯队	n	27	28	第一梯队
g	11	7	第三梯队	o	13	21	第二梯队
h	4	2	第三梯队	p	5	18	第二梯队

续表

部门	碳减排效应排名	碳减排量排名	碳减排潜力梯队	部门	碳减排效应排名	碳减排量排名	碳减排潜力梯队
q	2	6	第三梯队	w	10	1	第三梯队
r	8	23	第二梯队	x	12	9	第三梯队
s	1	3	第三梯队	y	19	19	第一梯队
t	16	5	第二梯队	z	24	10	第二梯队
u	15	8	第二梯队	aa	22	13	第二梯队
v	25	16	第一梯队	ab	28	14	第二梯队

资料来源：笔者计算所得。

在此基础上绘制青海省28部门碳减排潜力分布图。其中，X轴为减排效应，Y轴为产值变化引起的碳减排总量，以各自升序排名的第15名为分界线，将碳减排潜力划分为三个梯队：第一梯队为碳减排潜力高的行业（第Ⅰ象限）；第二梯队为碳减排潜力较低的行业（第Ⅱ、第Ⅳ象限）；第三梯队为碳减排潜力低的行业（第Ⅲ象限）（见图5-14）。

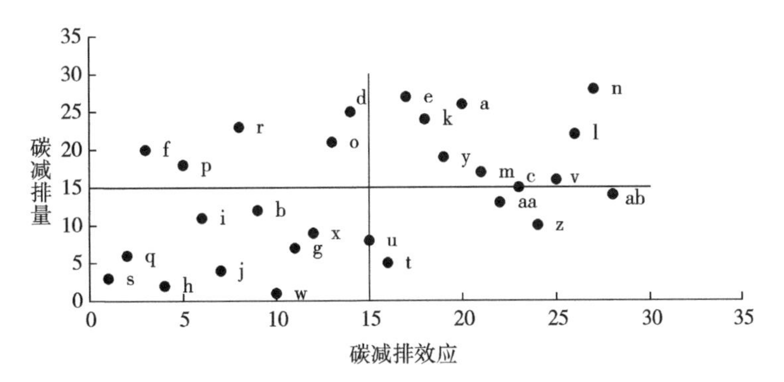

图5-14　青海省28部门碳减排潜力分布

资料来源：笔者计算所得。

由图5-14可以发现，属于第一减排潜力的第Ⅰ象限包含的减排潜力最大的8个部门分别是金属加工业（部门n）、化工业（部门l）、电热生产供应业（部门v）、非金属矿物制品业（部门m）、农林牧渔业（部门a）、建筑业（部门y）、燃料加工品业（部门k）、其他矿采选业（部门e）。上述部门未来碳减排空间较大，可以通过加快技术更新升级等方式加大碳减排力度。其中，4个部门（非金属制品业、化工业、燃料加工品业、农林牧渔业）是减排量与减排效应差距不大的部门，可以进行科学适度降低。对于服饰业和建筑业减排量与减排效应几乎同步，服饰业在第一减排潜力中相对排名靠前，建筑业相对靠后，可以淘汰一些高污染企业。

第Ⅲ象限包含9个部门，分别是煤炭开采和洗选业（部门b）、纺织业（部门g）、纺织服装鞋帽皮革羽绒及其制品业（部门h）、木材加工品和家具制造业（部门i）、造纸印刷和文教体育用品制造业（部门j）、交通运输设备制造业（部门p）、通信设备、计算机和其他电子设备制造业（部门s）、燃气生产和供应业（部门w）、水的生产和供应业（部门x）。以上9个部门的碳减排潜力贡献都较小，且都为传统工业，需要不断进行产业低碳化升级。

剩余第Ⅳ象限的6个部门，分别是石油和天然气开采业（部门c）、仪器仪表制造业（部门t）、交通运输、仓储和邮政业（部门z）、批发零售和住宿餐饮业（部门aa）、其他行业（部门ab）是减排效应高、减排量低的部门。

第Ⅱ象限的5个部门是碳减排效应低、碳减排量高的部门。包括金属矿采选业（部门d）、食品和烟草业（部门f）、金属制品业（部门o）、电气机械和器材制造业（部门r）。上述部门间接碳排放强度均大于直接碳排放强度，表明这些行业生产过程中碳排放较大，需要加快产业技术升级来提高产品和服务的生产效率，从而达到实现碳减排的目的。

第六章

青海省碳储量时空变化及驱动力

——以三江源国家公园为例

在“双碳”战略目标背景下，如何提升生态系统碳储量、碳汇能力成为各国政府与学术界共同关注的热点话题。碳储量是生态系统碳汇功能中的重要环节，陆地生态系统是全球碳储量的重要组成部分。IPCC报告及相关研究成果表明，土地利用变化直接影响着陆地生态系统碳储量的变化。因此，基于土地利用变化分析区域碳储量时空变化，预测不同情景下未来碳储量，探究碳储量空间分异驱动力对于区域优化国土空间规划、提升碳储能力、落实“双碳”战略目标具有重要现实意义。本章以三江源国家公园为例，探讨其碳储量时空演化规律，为青海省科学有序推进碳达峰碳中和提供重要参考。

第一节　研究区概况和数据来源

青藏高原作为我国乃至亚洲重要生态安全屏障，是我国重要的碳储区。在全球气候变暖以及人类活动双重压力下，青藏高原生态系统面临着较大的生态风险与挑战。2023年9月1日实施的《中华人民共和国青藏高原生态保护法》中强调，要加强青藏高原地区固碳等生态功能的监测，全面提升区域固碳能力，筑牢青藏高原生态屏障体系。三江源国家公园处于青藏高原腹地，是青藏高原区域最为典型的生态功能区之一。因此，在气候暖湿化和生态管理措施加强的背景下，基于

PLUS-InVEST-Geodector 模型，探析三江源国家公园 1990 年以来历史碳储量时空分异驱动力，预测未来情景下其碳储量变化，并以此考察青海省全省碳储量的时空演化规律，对于青海科学有序推进碳达峰碳中和具有重要的研究意义和研究价值。

青藏高原处于“第三极”，是我国乃至亚洲的重要生态安全屏障，固碳功能突出。研究结果表明，过去 40 多年青藏高原地区升温速率为全球平均升温速率的 2 倍左右，气候变暖使青藏高原生态系统环境发生了显著变化。三江源国家公园位于青藏高原腹地，是全国首批、排在首位、面积最大的国家公园，同时是青藏高原国家公园群的重要组成部分，生态安全地位尤为重要。作为青藏高原重点碳储区，三江源国家公园将是未来中国实现“双碳”目标的重要贡献区。

三江源国家公园（32° 22′ 36″ ~36° 47′ 53″ N，89° 50′ 57″ ~99° 14′ 57″ E）位于青藏高原腹地，平均海拔 4500 米以上，是长江、黄河、澜沧江多条江河的发源地，多年平均径流量 499 亿立方米，被誉为“三江之源”“中华水塔”。以高山峡谷地貌为主，湖泊众多，冻融侵蚀作用强烈。三江源国家公园试点规划面积 12.31 万平方千米（2021 年面积扩展为 19.07 万平方千米），下辖长江源园区、澜沧江源园区、黄河源园区三个园区。

三江源国家公园的 7 期（1990 年、1995 年、2000 年、2005 年、2010 年、2015 年和 2020 年）土地利用数据（空间分辨率为 30 米）、GDP（1000 米）数据、人口密度（1000 米）和土壤类型（1000 米）数据来源于中国科学院资源环境科学数据中心。矢量边界数据来源于国家青藏高原科学数据中心。高程数据源自全球海洋和陆地地形模型网格数据集（GEBCO_2022 Grid），分辨率为 500 米，坡度、起伏度、河网（利用欧式距离提取距河流距离）分布根据 DEM 数据提取。植被覆盖度（Fraction of Vegetation Coverage, FVC）（250 米）、年均温（1000 米）、年降水（1000 米）数据来自地球资源数据云。道路数据源自 Open Street Map（OSM）。乡政府、建制村分布数据来源 1 ∶ 100 万公众版基础地理信息数据（2021），通过欧式距离提取距乡政府距离、距建制村距离。全部数据统一采用 Krasovsky_1940_Albers，空间分辨率统一重采样至 30 米 ×30 米，保证行列号的一致性。

本章以五年为间隔选取了三江源国家公园 1990~2020 年 7 期历史土地利用数据，基于 PLUS-InVEST-Geodector 模型，分析三江源国家公园历史碳储量时空变化情况，探析其历史碳储量时空分异驱动力，并预测 2030 年自然发展和生态保护情景下三江源国家公园碳储量变化，以期提高对三江源国家公园生态系统固碳服务功能的认知和实现区域生态保护与可持续发展提供科学依据。

第二节　参数设定

一、PLUS 模型参数

PLUS 模型由中国地质大学（武汉）HPSCIL@CUG 实验室开发，基于栅格数据提出的一种斑块生成土地利用变化的模拟模型。该模型包括扩张分析策略（Land Expansion Analysis Strategy，LEAS）和多类型随机斑块种子的 CA 模型（CA based on Multiple Random Seeds，CARS）两个模块，并提供了 Markov Chain 和 Liner Regression 两种方法来模拟不同情景下的土地利用类型变化。LEAS 融合了已有的转化分析策略（TAS）和格局分析策略（PAS）的优势，采用了随机森林算法，能够更好地挖掘各类土地利用变化的诱因。CARS 结合随机种子生成和阈值递减机制，能够在发展概率的约束下，时空动态地模拟斑块的自动生成。

（一）PLUS- 用地扩张分析策略（LEAS）

基于三江源国家公园 2010 年、2020 年土地利用数据，参考相关研究成果以及研究区实际情况，从自然环境与社会经济两个方面选取了 DEM、坡度、起伏度、FVC、年均温、年降水、土壤类型、距河流距离、GDP、人口、距道路距离、距乡政府距离、距建制村距离 13 个驱动因子，分析各驱动因子的贡献度。

（二）PLUS- 基于多类随机斑块种子的 CA 模型（CARS）

基于三江源国家公园 2000 年、2010 年土地利用数据，采用 Markov Chain 模拟了 2020 年土地利用需求量。在 CARS 模块，以 2010 年为初始土地利用数据，以水域作为限制转化区域，以 2010~2020 年各地类扩张面积与总扩张面积比值为各地类邻域权重（见表 6-1），模拟三江源国家公园 2020 年土地利用数据，并与 2020 年真实土地利用数据进行精度验证，Kappa 系数为 0.85，总精确度为 93.26%，表明 PLUS 模型模拟三江源国家公园土地利用效果较好，可以用来模拟 2030 年土地利用情况。

表 6-1　邻域权重参数

土地利用类型	林地	草地	水域	建设用地	未利用地
2020 年	0.00002	0.44533	0.05438	0.00027	0.50000
2030 年（自然发展情景）	0.00002	0.44533	0.05438	0.00027	0.50000
2030 年（生态保护情景）	0.00002	0.47942	0.04109	0.00010	0.47938

（三）土地利用情景模拟

结合研究区情况与相关研究成果，本书设定了自然发展情景、生态保护情景两种模拟情景（见表 6-2）。在自然发展情景下，不考虑其他约束条件，土地利用转移矩阵、邻域权重等模型参数与 2010~2020 年保持一致。在生态保护情景下，根据《三江源国家公园总体规划（2018）》提出的生态保护政策，需要土地利用转移矩阵、模型参数进行修正（见表 6-1）。将林地、草地转向建设用地概率减少 50%，未利用地转向林地、草地增加 30%。

表 6-2　不同发展情境下土地利用转移矩阵

情景设置	自然发展情景					生态保护情景				
	林地	草地	水域	建设用地	未利用地	林地	草地	水域	建设用地	未利用地
林地	1	1	1	1	1	1	1	0	0	0
草地	1	1	1	1	1	1	1	0	0	0
水域	1	1	1	1	1	1	1	1	0	1
建设用地	1	1	1	1	1	1	1	0	1	0
未利用地	1	1	1	1	1	1	1	0	1	1

注：0 表示不能转换；1 表示允许转换。因为耕地面积较小，土地数据产品无法精确统计，所以本研究不考虑各地类与耕地间的转移。

二、InVEST 模型参数

本书基于 InVEST 模型 Carbon 模块进行三江源国家公园碳储量评估。生态系统碳储量包括地上（地上生物）、地下（地下生物）、土壤、死亡有机质四个碳库，由于死亡有机质碳库数据较小且难以获取，因此一般设为 0。计算公式为：

$$C_{total} = C_{above} + C_{below} + C_{soil} + C_{dead} \quad (6\text{–}1)$$

其中，C_{total} 表示总碳储量；C_{above} 表示地上碳储量；C_{below} 表示地下碳储量；C_{soil} 表示土壤碳储量；C_{dead} 表示死亡有机质碳储量。

InVEST 模型中碳储量的计算最重要的是碳密度的选择，本章综合相关文献得到全国六大地类的碳密度数据（见表 6–3）。

表 6–3　全国不同土地利用类型各部分碳密度

单位：t/hm²

土地利用类型	地上生物量碳密度		地下生物量碳密度		土壤碳密度	
	碳密度	研究人员	碳密度	研究人员	碳密度	研究人员
耕地	5.7	李克让等（2003）	80.7	解宪丽等（2004）	108.4	李克让等（2003）
林地	42.4	解宪丽等（2004）	115.9	解宪丽等（2004）	158.8	张杰等（2018）
草地	35.3	解宪丽等（2004）	86.5	解宪丽等（2004）	99.9	李克让等（2003）
水域	3	陈利军等（2002）	0	李克让等（2003）	0	李克让等（2003）
建设用地	2.5	陈利军等（2002）	0	李克让等（2003）	78	朱超等（2012）
未利用地	1.3	陈利军等（2002）	0	李克让等（2003）	31.4	解宪丽等（2004）

陈光水等（2007）通过研究发现，生物量碳密度和土壤碳密度与降水存在正相关关系，与气温存在负相关关系。因此，本书以全国碳库为基础，采用修正公式（Alam 等，2013），最终得到三江源国家公园碳密度（见表 6–4）。根据三江源国家公园管理局发布的多年气象资料以及相关研究成果（王成武等，2023）可知，三江源国家公园 / 全国年均温为 1℃ /9℃，年降水 457.8 毫米 /628 毫米。

表 6–4　三江源国家公园不同土地利用类型各部分碳密度

单位：t/hm²

土地利用类型	地上生物量碳密度	地下生物量碳密度	土壤碳密度
耕地	1.49	21.10	98.18
林地	11.08	30.30	143.82
草地	9.23	22.61	90.48

续表

土地利用类型	地上生物量碳密度	地下生物量碳密度	土壤碳密度
水域	0.78	0.00	0.00
建设用地	0.65	0.00	70.64
未利用地	0.34	0.00	28.44

三、Geodector 模型参数

地理探测器（Geodector）模型由王劲峰和徐成东（2017）创建，主要用于分析现象因子以及因子之间的作用程度，是探讨空间分异驱动力的有效工具。本书利用地理探测器的因子探测和交互探测来分析三江源国家公园碳储量的空间分异及演变的主要驱动力。其中，q 值是主要的度量值，取值范围是［0,1］，其值越大对三江源国家公园碳储量的解释力越强。本书结合相关研究成果（王成武等，2023）以及数据的连续可得性，选取了 DEM（X1）、坡度（X2）、起伏度（X3）、坡向（X4）、土壤类型（X5）、FVC（X6）、年均温（X7）、年降水量（X8）八个驱动因子。所有因子利用 ArcGis10.8 软件转化为类型数据，并通过建立 3 千米 ×3 千米渔网，生成 13694 个采样点，提取每个采样点对应的因变量 Y 和自变量 X 数据。

第三节　结果与分析

一、1990~2020 年三江源国家公园碳储量时间变化特征

（一）总体碳储量变化

从年碳储量变化（见图 6-1）来看，1990~2020 年三江源国家公园碳储量呈“增加—减少—增加—减少”波动型特征，碳储量极差为 46.67 百万吨，波动变化较大。1990 年、1995 年、2000 年、2005 年、2010 年、2015 年、2020 年三江源国家公园碳储量分别为 985.03 百万吨、1012.70 百万吨、984.35 百万吨、983.80 百万吨、1030.47 百万吨、1029.60 百万吨、1026.88 百万吨，总体上显著增加，较 1990 年增加了 41.85 百万吨。其中，1995~2000 年碳储量减少最为明显，共减少 28.35 百万吨，较 1995 年减少 2.80%，其主要原因是气候变化和人类活动导致该区域的草地出现严重的退化现象（张宏思等，2021），该阶段草地面积

共减少 2858.09 平方千米。2000~2005 年碳储量是整个研究期内增加最多的阶段，共增加 46.67 百万吨，较 2005 年增加 4.74%，其主要原因是三江源地区的生态系统退化状况引起了国家的重视，在 2005 年国务院批准实施《三江源生态保护和建设一期工程规划》，使三江源地区生态系统退化趋势初步遏制，草地面积增加了 5139.36 平方千米，碳固定等生态系统服务功能也有所提升。

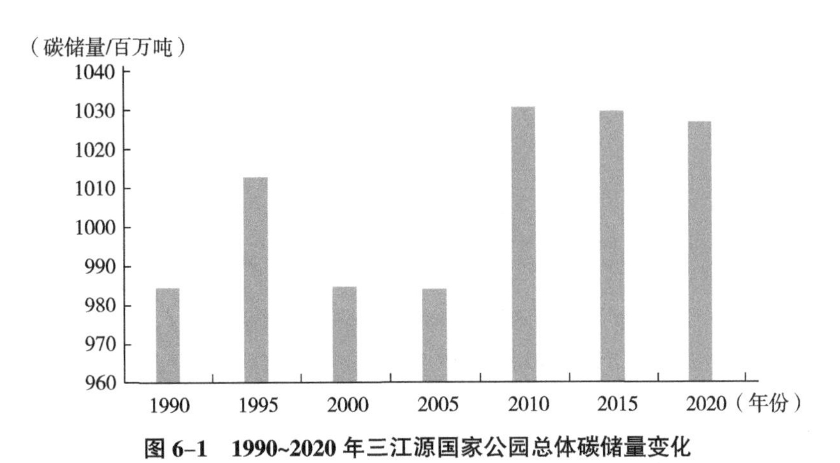

图 6-1　1990~2020 年三江源国家公园总体碳储量变化

（二）碳库碳储量变化

从各碳库碳储量来看（见图 6-2），土壤碳库是整个碳库碳储量最大的碳库，也是影响区域碳储量变化的主要原因。从碳储量增量来看，1990~2020 年，地上、地下、土壤碳库碳储量都有所增加，增量分别为 4.39 百万吨、11.01 百万吨、26.45 百万吨，土壤碳库是碳储量增加最多的碳库，主要原因是土壤碳库在整个碳库中碳密度最高。其中，1995~2000 年是地上、地下、土壤碳库碳储量下降最多的一个阶段，减量分别为 2.40 百万吨、6.20 百万吨、19.75 百万吨，分别占该阶段总减量的 8.47%、21.88%、69.65%。2005~2010 年是增加最多的一个阶段，增量分别为 4.59 百万吨、11.62 百万吨、30.46 百万吨，分别占该阶段总增量的 9.83%、24.90%、65.27%。在经历一个大幅度增加阶段后，2010 年各碳库之间碳储量差异达到研究期内最大，差异值为 719.66 百万吨。从碳储量增加幅度来看，地上、地下、土壤碳库较 1990 年分别增长 6.60%、6.99%、3.48%，增加幅度最大的为地下碳库。其中，2005~2010 年三大碳库碳储量增加幅度最大的阶段，地上、地下、土壤碳库增加幅度分别为 6.92%、7.39%、4.01%，增幅最大的为地下碳库。1995~2000 年三大碳库碳储量减少幅度最大，地上、地下、土壤碳库减少幅度分别为 3.49%、3.79%、2.53%。综合来看，由于土壤碳库碳密度远高于其他碳库，因此在研究期的各个阶段，土壤碳库碳储量增减均为最大且远高于其他两个碳库。但从增减幅度来看，研究期内大部分阶段增减幅度最大的为地下碳库，说明在土地转移中地下碳库地类碳密度差异较大。

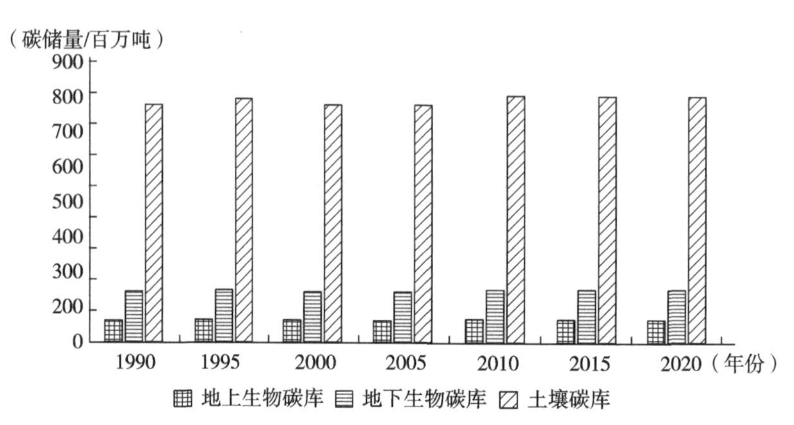

图 6-2　1990~2020 年三江源国家公园各碳库碳储量变化

（三）地类碳储量变化

从各地类碳储量变化来看（见图 6-3），1990~2020 年三江源国家公园各地类碳储量总体上变化程度各不相同，草地大幅度增加（增加量为 59.64 百万吨），水域、建设用地小幅度增加（分别增加 0.10 百万吨、0.05 百万吨），林地小幅度减少（减少量为 0.09 百万吨），未利用地大幅度减少（17.85 百万吨）。三江源国家公园林地、草地、水域、建设用地、未利用地多年平均碳储量分别为 3.34 百万吨、879.64 百万吨、0.63 百万吨、0.03 百万吨、123.90 百万吨，草地和未利用地是研究区内最主要的地类，同时也是影响区域碳储量变化的重要地类因子。其中，1990~1995 年碳储量变化较大的地类分别为草地、未利用地和林地，草地呈显著增加状态，增加量占该阶段总变化量的 84.67%；未利用地、林地呈减少状态，减少量分别占该阶段总变化量 11.34%、4.21%。1995~2000 年碳储量变化较大的地类依然是草地、未利用地、林地，但增减方向与前一阶段相反，表明该阶段三江源国家公园草地面积退化，而未利用地、林地面积有所增加。2005~2010 年草地和未利用地碳储量变化都较为显著，草地碳储量显著增加，增量为 62.86 百万吨，未利用地碳储量显著减少，减量为 16.25 百万吨。综合来看，由于草地属于碳密度较高的地类，且三江源国家公园土地利用中草地面积占据主体地位，草地成为三江源国家公园碳储量贡献度最高的地类。因此，1990~2020 年，草地面积及其碳储量的增减多少，在一定程度上决定了三江源国家公园总体碳储量的增减状况。

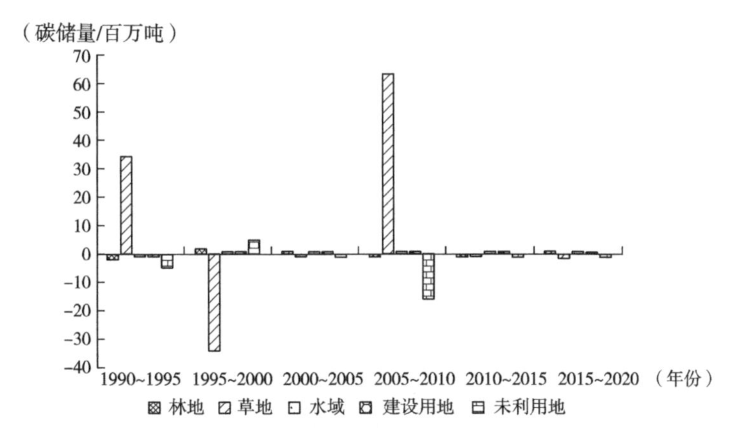

图 6-3　1990~2020 年三江源国家公园各地类碳储量变化

二、1990~2020 年三江源国家公园碳储量空间变化特征

（一）总体碳储量空间分布

三江源国家公园总体碳储量空间分布与土地利用类型分布一致性较高，碳储量高的地方多分布在草地、林地等碳密度较高的地类所在地。1990~2020 年三江源国家公园碳储量空间分布总体特征变化不大，碳储量高的区域主要分布在澜沧江源园区、黄河源园区大部地区以及长江源园区的部分边缘地区，这些区域草地分布较为密集。碳储量低的区域主要分布在长江源园区内的可可西里自然保护区以及黄河源园区的西北地区，这些区域湖泊众多、未利用地广布，固碳能力弱。其中，三江源国家公园局部地区碳储量变化较为显著。1990~2020 年，黄河源园区东中部、长江源园区东部边缘地区高碳储区域分布密集度明显增强，说明这些区域低碳储土地向高碳储土地大量转移。长江源园区的西南边缘地区高碳储分布区域消失，说明该区域林地、草地退化较为严重，受人类活动和气候变化影响较大。

（二）总体碳储量空间变化类型

为更清晰反映三江源国家公园 1990~2020 年碳储量空间变化情况，将碳储量空间分布变化值分为三类：增加（变化值 >0）、不变（变化值 =0）、减少（变化值 <0）。1990~2020 年三江源国家公园大部分处于碳储量不变区域，占园区总面积的 91.95%。其次为增加、减少区域，面积占比分别为 5.55%、2.50%，增加区域主要集中在长江源园区东部，在黄河源园区全区零散分布，减少区域则集中分

布在长江源园区的西南边缘处。其中，碳储量增加区域最为明显的是 1990~1995 年，面积为 9321.73 平方千米，主要集中分布在长江源园区的东部和南部地区；不变区域最为明显的是 2000~2005 年，面积为 123002.88 平方千米；减少区域最为明显的是 1995~2000 年，面积为 9454.27 平方千米，主要集中分布在长江源园区的东部和南部地区。综合来看，1990~2020 年各阶段变化类型均以不变区域为主，增加和减少区域存在较大的波动性。

（三）分区碳储量空间差异

为了深入探究三江源国家公园碳储量空间差异，对长江源园区、澜沧江源园区、黄河源园区碳储量分别进行统计分析（见图 6-4）。1990~2020 年长江源园区、澜沧江源园区、黄河源园区碳储量都呈增加状态，较 1990 年分别增长 2.85%、0.72%、12.33%。长江源园区、澜沧江源园区、黄河源园区多年平均碳储量分别为 662.63 百万吨、155.63 百万吨、189.29 百万吨，这与各园区土地面积大小比例一致（长江源园区：澜沧江源园区：黄河源园区碳储量贡献率、土地面积比例均为 7：1：2）。其中，长江源园区、澜沧江源园区碳储量贡献率最高年份为 1995 年，碳储量分别为 679.33 百万吨、156.44 百万吨，贡献率分别为 67.08%、15.45%；黄河源园区碳储量贡献率最高年份为 2015 年，碳储量为 202.74 百万吨，贡献率为 19.69%。综合来看，研究期内三江源国家公园各园区碳储量均有所增加，其中贡献率最大的为长江源园区，增幅最大的为黄河源园区。

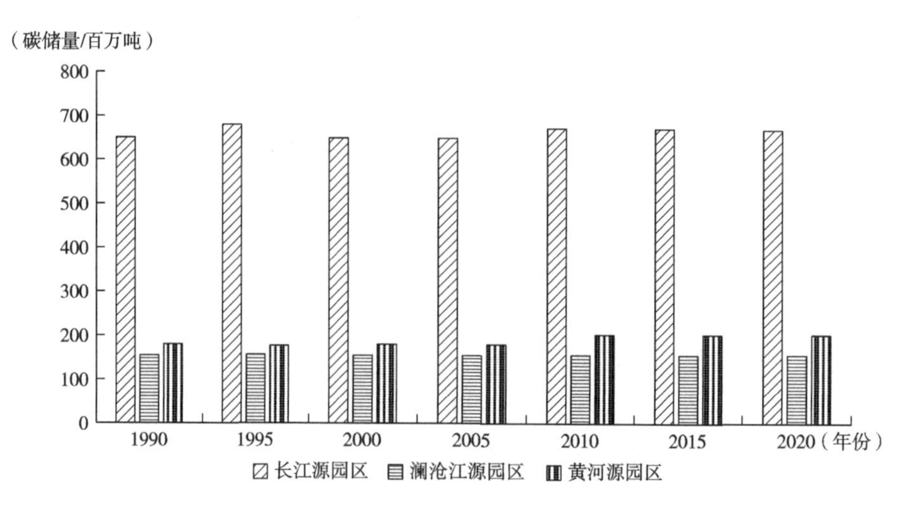

图 6-4　1990~2020 年三江源国家公园各园区碳储量变化

三、1990~2020年三江源国家公园碳储量时空分异驱动力分析

（一）因子探测

根据因子探测结果（见表6-5），1990~2020年选取的8个驱动因子除坡向（X4）因子外，都对三江源国家公园碳储量的空间分异具有显著的驱动作用，各显著驱动因子解释力大小排序为：FVC（平均q值为0.286）>土壤类型（0.282）>年降水量（0.211）>起伏度（0.071）>年均温（0.038）>Dem（0.020）>坡度（0.014）。其中，1990~2020年土壤类型（X5）、FVC（X6）、年降水量（X8）一直居于各年份解释力的前三位，对碳储量空间分异占据主导解释地位。从q值大小变化来看，研究期内除了坡向（X4）因子q值下降之外，其他驱动因子q值都有所增加，解释力增强。其中，首先是解释力增强最多的为FVC（X6），q值增加0.091，其次是年降水量（X8）、土壤类型（X5），q值分别增加0.056、0.050。具体来说，首先，FVC（X6）表征着区域植被覆盖程度的多少，一般区域植被覆盖越高，说明该区域内高碳密度森林、草地等用地类型较多，从而区域碳储量也越多。其次，降水量影响着区域的水热条件，是区域植被进行光合作用的重要基础，深刻影响着区域碳储量的变化。土壤类型的不同，代表着区域植被NPP和生物群落的不同，同时直接决定着区域土壤碳库的储量。因此，FVC、土壤类型、年降水量是影响三江源国家公园碳储量时空分异的主要驱动因子。

表6-5 1990~2020年三江源国家公园碳储量空间分异驱动因子探测结果

驱动因子	q值							
	1990年	1995年	2000年	2005年	2010年	2015年	2020年	平均值
Dem（X1）	0.013	0.007	0.013	0.013	0.033	0.033	0.031	0.020
坡度（X2）	0.013	0.016	0.013	0.012	0.015	0.016	0.016	0.014
起伏度（X3）	0.054	0.079	0.054	0.055	0.083	0.083	0.084	0.071
坡向（X4）	0.003	0.003	0.003	0.003	0.003	0.003	0.003	0.003
土壤类型（X5）	0.257	0.288	0.257	0.257	0.303	0.307	0.307	0.282
FVC（X6）	0.255	0.258	0.255	0.232	0.319	0.337	0.347	0.286
年均温（X7）	0.029	0.034	0.027	0.033	0.041	0.046	0.057	0.038
年降水量（X8）	0.208	0.213	0.212	0.188	0.228	0.166	0.264	0.211

注：表中标注“0.003”表示q值不显著（p值>0.1）。

（二）交互探测

根据交互探测结果（见图 6-5），1990~2020 年三江源国家公园各驱动因子均呈现双因子增强和非线性增强作用，无非线性减弱、单因子非线性减弱、独立现象存在，表明任意两个驱动因子的交互作用对碳储量空间分异的解释力均大于其单一因子的解释力。其中，解释力增强最多的为起伏度（X3）和 FVC（X6）的交互项，q 值增加 0.097。土壤类型（X5）和 FVC（X6）的交互项在 1990~2020 年各阶段均占据主导解释地位（平均 q 值为 0.370），主要原因在于两个驱动因子的单因子 q 值位于所有因子前两位，处于较高解释力水平，其交互作用解释力自然也高于其他因子交互；交互作用解释力较大的还有年降水量（X8）和土壤类型（X5）的交互项、降水量（X8）和 FVC（X6）的交互项，平均 q 值分别为 0.341、0.329，这也是因为年降水量也是解释力较大的单因子。

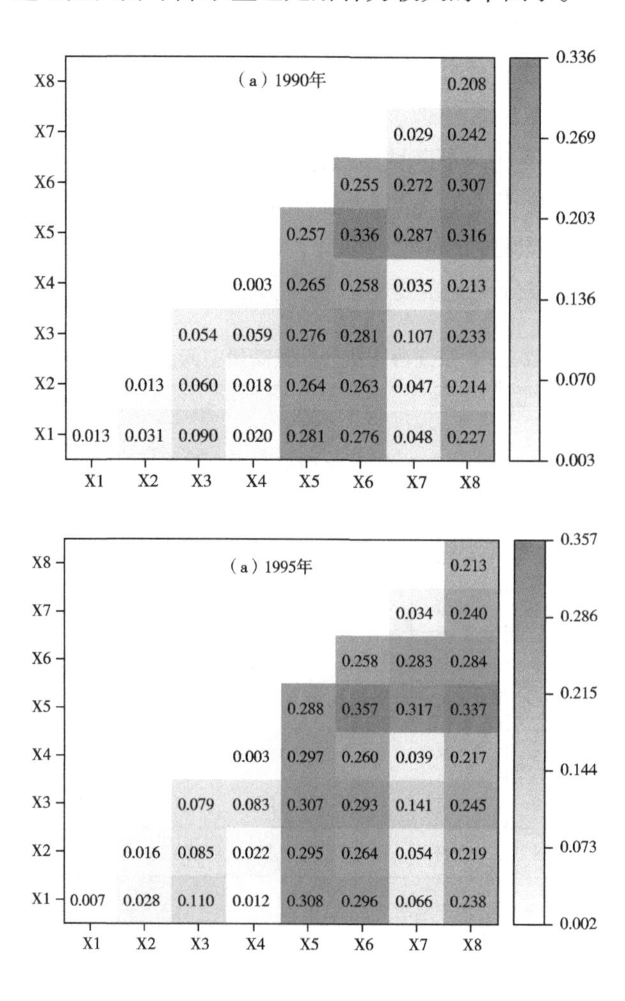

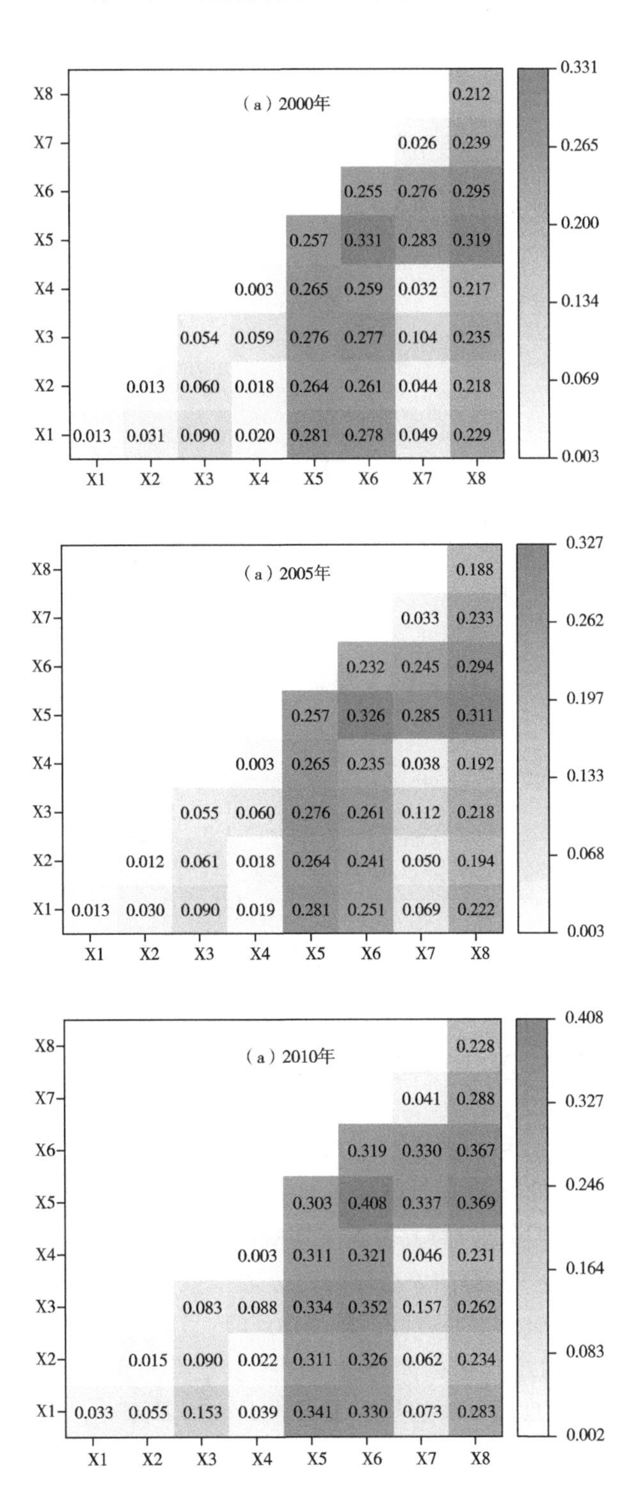
（a）2000年
X8 0.212
X7 0.026 0.239
X6 0.255 0.276 0.295
X5 0.257 0.331 0.283 0.319
X4 0.003 0.265 0.259 0.032 0.217
X3 0.054 0.059 0.276 0.277 0.104 0.235
X2 0.013 0.060 0.018 0.264 0.261 0.044 0.218
X1 0.013 0.031 0.090 0.020 0.281 0.278 0.049 0.229
X1 X2 X3 X4 X5 X6 X7 X8
0.331
0.265
0.200
0.134
0.069
0.003
（a）2005年
X8 0.188
X7 0.033 0.233
X6 0.232 0.245 0.294
X5 0.257 0.326 0.285 0.311
X4 0.003 0.265 0.235 0.038 0.192
X3 0.055 0.060 0.276 0.261 0.112 0.218
X2 0.012 0.061 0.018 0.264 0.241 0.050 0.194
X1 0.013 0.030 0.090 0.019 0.281 0.251 0.069 0.222
X1 X2 X3 X4 X5 X6 X7 X8
0.327
0.262
0.197
0.133
0.068
0.003
（a）2010年
X8 0.228
X7 0.041 0.288
X6 0.319 0.330 0.367
X5 0.303 0.408 0.337 0.369
X4 0.003 0.311 0.321 0.046 0.231
X3 0.083 0.088 0.334 0.352 0.157 0.262
X2 0.015 0.090 0.022 0.311 0.326 0.062 0.234
X1 0.033 0.055 0.153 0.039 0.341 0.330 0.073 0.283
X1 X2 X3 X4 X5 X6 X7 X8
0.408
0.327
0.246
0.164
0.083
0.002

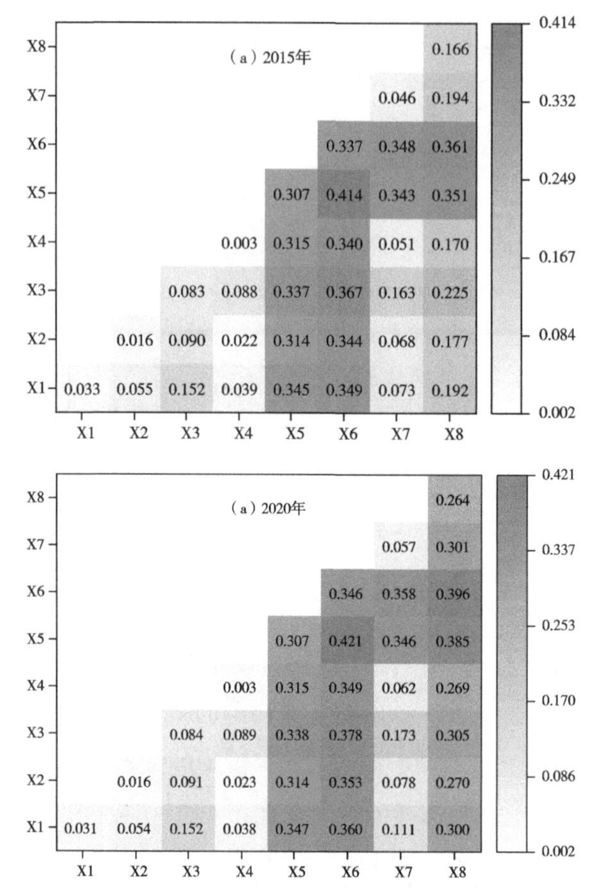

图 6-5　1990~2020 年三江源国家公园碳储量空间分异交互探测结果

四、不同情景下 2030 年三江源国家公园碳储量预测

（一）2020~2030 年碳储量时间变化特征

运用 PLUS 模型对 2030 年自然发展情景、生态保护情景土地利用状况进行预测，再根据 InVEST 模型计算其各碳库碳储量及总量（见表 6-6）。从总体碳储量角度来看，2030 年三江源国家公园自然发展情景、生态保护情景下碳储量分别为 976.82 百万吨、986.05 百万吨，较 2020 年均呈减少状态，分别下降 4.87%、3.98%，表明未来三江源国家公园部分高碳密度地类面积减少，碳储功能下降。其中生态保护情景比自然发展情景碳储量减少 9.23 百万吨，显示生态保护措施对碳储量的减少起着抑制作用。

从碳库碳储量角度来看（见表 6–6），2030 年三江源国家公园自然发展情景、生态保护情景下地上、地下、土壤碳库碳储量均呈减少状态。其中，自然发展情景下地上、地下、土壤碳库碳储量较 2020 年分别减少 2.68 百万吨、7.56 百万吨、39.82 百万吨，分别下降 3.78%、4.49%、5.06%，土壤碳库碳储量减少最多且下降速度最快。生态保护情景下地上、地下、土壤碳库碳储量较 2020 年分别减少 2.03 百万吨、5.83 百万吨、32.97 百万吨，分别下降 2.87%、3.46%、4.19%，碳储量减少最多且下降速度最快的也是土壤碳库。两种情景下碳储量变化相比，生态保护情景较自然发展情景地下、地上、土壤碳库碳储量减少量分别少 0.65 百万吨、1.73 百万吨、6.85 百万吨，表明生态保护情景下的生态保护政策对各碳库碳储量的减少有着较好的抑制作用。

表 6–6　2020~2030 年三江源国家公园碳库碳储量变化

单位：百万吨

年份	地上生物碳库	地下生物碳库	土壤碳库	合计
2020	70.84	168.54	787.50	1026.88
2030 自然发展情景	68.17	160.98	747.67	976.82
2030 生态保护情景	68.81	162.71	754.53	986.05

从地类碳库碳储量变化来看（见表 6–7），2030 年自然发展情景和生态保护情景下除水域碳储量增加之外，其余地类碳储量均呈减少状态。首先，草地是自然发展情景和生态保护情景下较 2020 年碳储量减少最多的地类，分别减少 40.41 百万吨、31.37 百万吨，两者下降差为 9.04 百万吨；其次，未利用地，自然发展情景和生态保护情景下较 2020 年碳储量分别下降 8.42%、8.51%；林地、水域和建设用地自然发展情景和生态保护情景下较 2020 年碳储量增减相对来说变化不大。综合来看，草地碳储量的下降是 2020~2030 年三江源国家公园碳储量下降的主要地类，同时也是生态保护情景下抑制碳储量减少最明显的地类。

表 6–7　2020~2030 年三江源国家公园各地类碳储量变化

单位：百万吨

地类	2020 年	2030 年自然发展情景		2030 年生态保护情景	
		碳储量	较 2020 年变化	碳储量	较 2020 年变化
林地	3.56	2.99	–0.56	3.34	–0.22
草地	908.67	868.26	–40.41	877.30	–31.37
水域	0.72	1.24	0.52	1.18	0.46

续表

地类	2020 年	2030 年自然发展情景		2030 年生态保护情景	
		碳储量	较 2020 年变化	碳储量	较 2020 年变化
建设用地	0.06	0.04	–0.02	0.04	–0.02
未利用地	113.87	104.29	–9.59	104.19	–9.68

（二）2020~2030 年碳储量空间变化特征

从 2030 年不同情景下三江源国家公园总体碳储量空间分布来看，其分布特征与 1990~2020 年基本一致，碳储量高的区域主要还是分布在澜沧江源园区、黄河源园区大部地区以及长江源园区的部分边缘地区，长江源园区内的可可西里自然保护区以及黄河源园区的西北地区依旧由于湖泊众多导致区域碳储量偏低。

从碳储量空间分布变化类型来看，2030 年自然发展情景与生态保护情景下较 2020 年大部分地区依旧处于碳储量不变区域，分别占园区总面积的 93.71%、94.67%；碳储量增加区域面积都较小，分别为 482.94 平方千米、600.59 平方千米，面积占比均不足园区总面积的 1%；碳储量减少区域主要集中在长江源园区的西部地区，但生态保护情景下减少区域面积较自然发展情景下少 1295.05 平方千米，碳储量减少主要原因可能是区域内林地、草地等高碳密度地类向水域等低碳密度地类的转化。综合来看，三江源国家公园生态保护情景较自然发展情景碳储量不变区域和增加区域面积多，减少区域面积少，也从空间分布变化方面印证了生态保护情景对碳储量降低的抑制性。

从分区碳储量变化来看（见表 6–8），2030 年自然发展情景和生态保护情景下长江源园区、澜沧江源园区、黄河源园区碳储量较 2020 年都呈减少状态。自然发展情景下，三江源国家公园碳储量减少量为长江源园区（29.68 百万吨）> 黄河源园区（12.17 百万吨）> 澜沧江源园区（8.21 百万吨），长江源园区碳储量减少量占据了整个国家公园碳储量的 59.30%。生态保护情景下对三个园区的碳储量下降都有抑制作用，其中抑制作用最显著的为长江源园区，抑制量占据抑制总量 83.65%。

表 6–8　2020~2030 年三江源国家公园分区碳储量变化

单位：百万吨

园区	2020 年	2030 年自然发展情景	2030 年生态保护情景
长江源园区	668.44	638.75	646.47
澜沧江源园区	156.06	147.86	148.40
黄河源园区	202.38	190.22	191.18

五、有关讨论

本书发现，虽然1990~2020年三江源国家公园碳储量呈现“增加—减少—增加—减少”波动型变化特征，但总体上增加41.85百万吨。张宏思等（2021）对1977~2017年三江源区植被固碳量开展研究，发现1990年以来碳储量呈现总体增加的趋势，这与本书对该阶段三江源国家公园碳储量总体增加的研究结论一致；张继平等（2015）发现，三江源地区2000~2010年草地生态系统碳储量总体上显著增加，这与本研究中该阶段草地碳储量显著增加的研究结论是一致的；张重等（2022）研究发现三江源东部地区2008~2018年草地发生退化，也印证了本研究2010~2020年碳储量减少的现象。本书预测了2030年三江源国家公园土地利用情况并计算了其碳储量，结果发现碳储量较2020年呈下降状态，因此也就形成了2010~2030年碳储量呈现持续下降的状况。主要原因在于，本书主要是基于最近10年土地利用的变化情况对2030年土地利用进行预测，且在驱动因子的选取上大多为易获取的自然因子，而土地利用的变化会受到社会经济与政策等多方因素的影响，尤其是在国家公园体制下的三江源地区更加明显。但实际上三江源国家公园2021年才正式设立，未来一段时间三江源国家公园生态保护的力度会更大，措施也会更为严格，因此对于未来碳储量的预测可能会与实际结果存在误差。其次，三江源国家公园区划总面积在2021年由12.31万平方千米扩展到19.07万平方千米，且未来很有可能会进一步扩展，但受制于现有的技术手段，对土地利用的预测仅限于当前面积区域的预测。

第七章

青海省净碳效率及影响因素

考虑环境因素的经济增长效率是低碳经济发展和“双碳”政策制定的关键。然而碳减排是有成本的，减排活动会对经济产生重要影响。青海省地域辽阔，区域内各市（州）的经济总量、人口规模和科技水平等有着明显的差距，发展模式也不尽相同。本章运用实证模型对青海省各市（州）的净碳效率进行测算，对其影响因素进行回归分析，为制定差异化的区域低碳发展政策提供理论参考。

第一节　青海省净碳效率测算模型

青海省各市（州）的环境现状、资源禀赋和经济发展具有较大的差异，在新发展阶段下探索出一条市州差异化的低碳发展道路至关重要。本章采用考虑非期望产出的SBM模型对青海省两市六州的净碳排放效率进行测算，划分出各市（州）不同的发展类型，并定性分析不同发展类型的形成原因，深入探讨当前经济发展与生态保护的平衡状况。

一、两阶段SBM模型

（一）DEA模型演进

数据包络分析（Data Envelopment Analysis，DEA）是一种评价具有多投入和多产出的决策单元相对有效性的非参数方法，无需预先给定权重和假设分布，直接通过投入与产出数据来确定生产前沿面的结构，可以有效避免决策者主观意志的干扰。目前，DEA 效率评价方法大致可以划分为径向模型、非径向模型、超效率模型、指数模型和网络模型五种。最早的效率评价采用 CCR 和 BCC 等径向模型，而现实中很难对投入产出的角度和方向进行划分。Tone（2001）提出了非径向非导向的 SBM 模型，有效地解决了目标变量的松弛问题。随后，针对传统 DEA 模型存在无法区分有效决策单元的局限性，Andersen 和 Petersen（1993）提出了改进的超效率模型，增强了有效评价单元之间的可比性。Malmquist 指数和 Malmquist-Luenberger 指数是指数计算方法，可以用来评价全要素生产率的变化率。随着 DEA 方法研究的深入，研究多系统效率评价的网络 DEA 模型也随之兴起。目前，两阶段 DEA 效率评价涉及的模型有并联的、串联的、考虑非期望中间产出的或者将一阶段非期望产出继续投入第二阶段生产系统中的等多种类型。

（二）基本原理

对于有 K 个系统的 n 个 $DMU_j(j=1,2,\cdots,n)$，其生产可能性集合 $\left\{x^k, y^k, z^{(k,h)}\right\}$ 可以被定义为式（7-1）至式（7-5）：

$$x^k \geqslant \sum_{j=1}^{n} x_j^k \lambda_j^k \left(k=1,2,\cdots,K\right) \tag{7-1}$$

$$y^k \leqslant \sum_{j=1}^{n} y_j^k \lambda_j^k \left(k=1,2,\cdots,K\right) \tag{7-2}$$

$$z^{(k,h)} = \sum_{j=1}^{n} z_j^{(k,h)} \lambda_j^k \left[\forall(k,h)\right] \tag{7-3}$$

$$z^{(k,h)} = \sum_{j=1}^{n} z_j^{(k,h)} \lambda_j^h \left[\forall(k,h)\right] \tag{7-4}$$

$$\sum_{j=1}^{n} \lambda_j^k = 1(\forall k), \lambda_j^k \geqslant 0(\forall j,k) \tag{7-5}$$

其中，x^k、y^k 表示投入最小化和产出最大化；$z^{(k,h)}$ 表示连接系统 k 和系统 h 之间的中间变量；k 表示系统的个数；j 表示决策单元的个数，取值范围为 1~n；λ 表示权重变量，各系统权重之和为 1 表示规模报酬可变；对于第 o 个评价单元 $DMU_o(o=1,2,\cdots,n)$，考虑非期望产出的网络 SBM 模型的目标函数可以表示为公式：

$$\rho_o^* = \min_{\lambda^k, s^{k-}, s^{k+}} \frac{\sum_{k=1}^{K} \omega^k \left[1 - \frac{1}{m_k}\left(\sum_{i=1}^{m_k} \frac{s_i^{k-}}{x_{io}^k}\right)\right]}{\sum_{k=1}^{K} w^k \left[1 - \frac{1}{r_{1k} + r_{2k}}\left(\sum_{r=1}^{r_{1k}} \frac{s_r^{ek}}{y_{ro}^{ek}} + \sum_{r=1}^{r_{2k}} \frac{s_r^{uk}}{y_{ro}^{uk}}\right)\right]} \tag{7-6}$$

与单一阶段的 SBM 模型相比，网络 SBM 模型在目标函数中增加了相对权重 ω^k，权重取值的大小由各系统的重要性决定。分式的分子和分母是各系统得分的加权算数平均值，分别表示以投入为导向的整体效率得分和以产出为导向的整体效率得分。ρ_o^* 表示使投入产出比最小化，即决策单元效率最优，取值为 0~1。

各变量的约束条件如式（7–7）至式（7–13）所示：

$$\sum_{j=1,\neq 0}^{n} x_{ij}^k \lambda_j^k + s_i^{k-} = \theta^k x_{io}^k, \left(i = 1,2,\cdots,m_k, k = 1,2,\cdots,K\right) \tag{7-7}$$

$$\sum_{j=1,\neq 0}^{n} y_{rj}^{ek} \lambda_j^k + s_i^{ek} = \varnothing^k y_{io}^{ek}, \left(r = 1,2,\cdots,s_k, k = 1,2,\cdots,K\right) \tag{7-8}$$

$$\sum_{j=1,\neq 0}^{n} y_{rj}^{uk} \lambda_j^k - s_i^{uk} = \delta^k x_{io}^{uk}, \left(r = 1,2,\cdots,s_k, k = 1,2,\cdots,K\right) \tag{7-9}$$

$$\varepsilon \leqslant 1 - \frac{1}{r_{1k} + r_{2k}}\left(\sum_{r=1}^{r_{1k}} \frac{s_r^{ek}}{y_{ro}^{ek}} + \sum_{r=1}^{r_{2k}} \frac{s_r^{uk}}{y_{r0}^{uk}}\right) \tag{7-10}$$

$$z^{(k,h)} \lambda^k = z^{(k,h)} \lambda^h \tag{7-11}$$

$$\sum_{j=1,\neq 0}^{N} \lambda_j^k = \sum_{k=1}^{K} \omega^k = 1 \tag{7-12}$$

$$\lambda^k \geqslant 0, s^{k-} \geqslant 0, s^{ek} \geqslant 0, s^{bk} \geqslant 0 \left(\forall k\right) \tag{7-13}$$

其中，x_o^k 和 y_o^k 分别表示第 k 个系统中第 o 个决策单元的有效投入和有效产出；m^k 和 r^{1k} 、r^{2k} 和 $\varnothing^k$ 分别表示投入、期望产出、非期望产出和中间变量的个数；s^{k-} 、s^{ek} 和 s^{uk} 分别为投入、期望产出、非期望产出的松弛变量；“–”与“+”分别表示投入过度和产出不足，如果想使决策单元的投入和产出效率最优，那么必须减少 s^k 个投入和增加 s^k 个产出。

二、变量选取与数据来源

（一）投入产出变量选取

Maghbouli（2014）指出，网络 DEA 文献通常考虑理想的中间产出，这些中间产出是第一阶段的输出，并用作第二阶段的输入。但在许多实际情况下，中间措施包括理想的和不理想的输出。基于此，他提出了具有非期望中间产出的网络 DEA 模型，模型基本结构如图 7–1 所示。

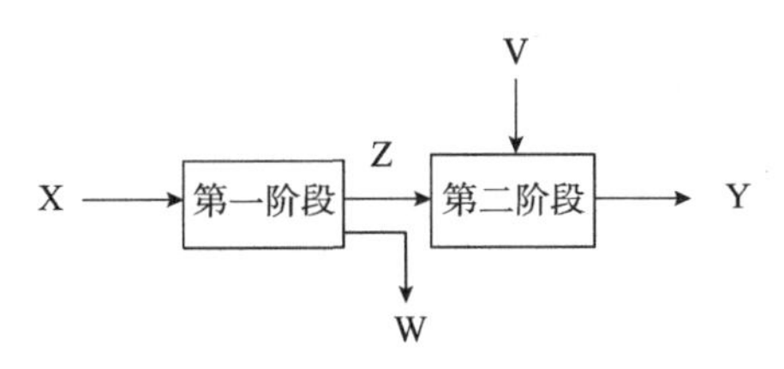

图 7–1 考虑非期望中间产出的两阶段 SBM 模型

借鉴 Maghbouli 的做法，本章将整个生态经济系统划分为经济系统和生态系统两个阶段，即 k=2。考虑到青海省特殊的生态地位和生态经济均衡发展，因此本研究设定两阶段权重相同。中间变量采用自由连接的方式，设定第一阶段期望产出最大化。参照大多数学者的做法，将资本、劳动和能源作为第一阶段的投入，以地区生产总值作为期望产出。同时，考虑现实经济活动会对环境造成一定的污染，结合研究主题，以二氧化碳排放量作为第一阶段非期望产出的衡量指标，在第二阶段生态系统中增加环境治理的环节。节能环保支出包括污染防治、污染减排、自然生态保护、天然林保护和退耕还林还草等方面，能够体现减碳增汇的双重作用，因此以此作为环境治理的替代指标。在碳收支的视角下，最终产出由固碳价值和碳减排价值两部分构成，采用固碳减排价值衡量。构建考虑非期望产出的两阶段 SBM 模型基本框架（见图 7–2）。

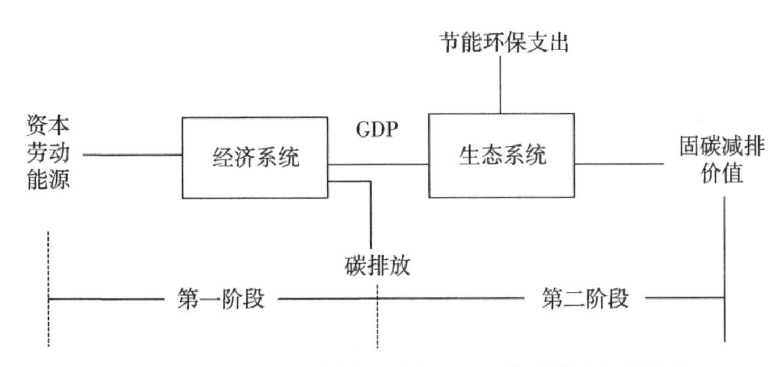

图 7–2 考虑非期望产的两阶段 SBM 净碳效率评价框架

（二）数据来源与描述性统计

本章以青海省的两市六州作为研究对象，研究时间跨度为 2001~2020 年，所需数据来源于2002~2021年《青海统计年鉴》、各市（州）国民经济和社会发展统计公报、各市（州）政府决算公开报表和EPS数据库等。根据指标的可获得性，具体选取变量见表7-1。

表7-1　青海省净碳效率评价指标体系

指标	指标内容	符号	单位	均值	标准差	最小值	最大值
初始投入	固定资本存量	X1	亿元	893.74	1564.74	21.42	9188.92
	非私营单位年末企业就业人员	X2	万人	5.17	7.75	0.18	37.76
	能源消费量	X3	万吨	363.08	557.28	0.81	2116.42
中间产出	二氧化碳排放量	W	万吨	476.76	738.29	1.27	3109.69
中间变量	地区生产总值（GDP）	Z	亿元	121.01	184.80	3.67	803.45
额外投入	节能环保支出	V	亿元	4.68	4.01	0.05	22.61
最终产出	固碳减排价值	Y	亿元	768.06	466.48	155.77	2009.31

注：由于固碳减排价值中的碳减排量需要用当年碳排放减去上年碳排放计算得到，因此会缺失第一个年份（2000年）的数据。

第二节　青海省净碳效率测算结果

一、青海省净碳效率整体概况

由于本研究的时间跨度较长，一般认为在长期内规模报酬是可变的。因此，运用Dearun3.0软件[①]，选取规模报酬可变下的两阶段网络SBM模型，得到青海省各市（州）净碳排放的效率值。由于篇幅有限，本节只展示了全局效率值，第一阶段的经济系统效率值和第二阶段的生态系统效率值详见附录一中的附表一和附表二。2001~2020年，青海省各市（州）净碳效率值均低于1，处于无效状态。表7-2数据的时序变化特征显示，青海省净碳效率总体上呈现下降趋势，青海省

① Dearun developer(2023). Dearun: Data Envelopment Analysis Efficency Calculator (Version 3.0)[Software] [2023-02-15] .https://www.dearun.net.

年均降幅为 2%，要素的投入和产出存在较大的改进空间（见表 7-2）。

表 7-2　2000~2020 年青海省市州全局净碳效率值及排名

年份	西宁	海东	海北	黄南	海南	果洛	玉树	海西
2001	0.0051	0.0277	0.1456	0.1154	0.1448	0.6172	0.4798	0.0267
2002	0.0055	0.0300	0.1369	0.1212	0.1551	0.6480	0.6558	0.0296
2003	0.0048	0.0276	0.1155	0.1003	0.1392	0.4046	0.4197	0.0260
2004	0.0043	0.0257	0.1074	0.1067	0.0923	1.0000	0.5378	0.0242
2005	0.0047	0.0207	0.0895	0.1001	0.0755	0.2419	0.2468	0.0305
2006	0.0051	0.0220	0.0862	0.1010	0.0777	0.2837	0.7114	0.0313
2007	0.0050	0.0210	0.0790	0.0933	0.0710	0.2170	0.2134	0.0272
2008	0.0040	0.0208	0.0747	0.0883	0.0644	0.2137	0.2058	0.0278
2009	0.0038	0.0152	0.0588	0.0777	0.0513	0.1845	0.2586	0.0209
2010	0.0033	0.0144	0.0544	0.0732	0.0513	0.1721	0.8714	0.0215
2011	0.0031	0.0179	0.0725	0.0941	0.0651	0.4232	0.3277	0.0205
2012	0.0028	0.0176	0.0714	0.0936	0.0629	0.2824	0.5855	0.0175
2013	0.0026	0.0126	0.0610	0.0834	0.0514	0.4444	0.2796	0.0131
2014	0.0024	0.0110	0.0656	0.0725	0.0514	0.2852	0.1627	0.0125
2015	0.0017	0.0087	0.0529	0.0599	0.0493	0.1693	0.1517	0.0102
2016	0.0018	0.0095	0.0636	0.0583	0.0506	0.1819	0.1968	0.0115
2017	0.0022	0.0103	0.0651	0.0584	0.0499	0.1724	0.1802	0.0124
2018	0.0025	0.0108	0.0719	0.0598	0.0475	0.1656	0.2101	0.0143
2019	0.0024	0.0097	0.0651	0.0557	0.0451	0.1345	0.1698	0.0122
2020	0.0021	0.0080	0.0566	0.0560	0.0483	0.1180	0.1867	0.0110
年均	0.0035	0.0171	0.0797	0.0834	0.0722	0.3180	0.3526	0.0200
排名	8	7	4	3	5	2	1	6

注：数据通过 Dearun3.0 软件计算得到。

二、青海省净碳效率演进趋势

碳效率衡量的是投入产出的最优配置情况。从本研究碳收支测算的结果可以发现，虽然固碳价值的增长十分缓慢，但作为非期望产出的二氧化碳排放量于2016年就出现了拐点，碳排放量持续下降。按照经济常识分析，在其他条件不变的情况下，"坏"产出的减少可以使总体效率得到提升，可实际上各市（州）净碳效率仍呈现出下降趋势。通过数据分析可以发现，2001~2020年各市（州）两阶段的要素投入增速远高于产出增速。以玉树为例，资本、劳动、能源和节能环保投入年均增速分别为100.97%、-4.03%、18.33%和221.14%，而期望产出的GDP和固碳减排价值年均增速分别为13.56%和1.28%，表明现阶段资源利用效率较低，存在较多的投入冗余和产出不足。

环境保护是一项回报周期极长的投资，尽管政府每年在环境保护治理方面投入巨额的资金，但在青海这样一个生态极度脆弱的区域，短期内生态效率的改善并不显著，甚至会造成整个生态经济系统的低效率，导致青海省作为生态保护优先、产出水平在全国排名靠后的省份，区域内经济效率却高过了生态效率和总体效率值（见图7-3）。

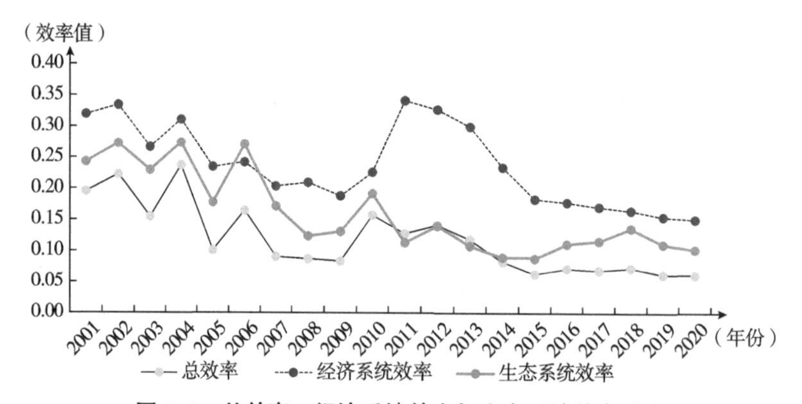

图7-3　总效率、经济系统效率与生态系统效率对比

资料来源：两阶段SBM模型测算结果。

从经济系统效率上来看，各市（州）的经济系统效率呈现出"降—升—降"的演变趋势，市（州）间经济系统效率差异较大但总体趋于收敛。2001~2007年，青海省各市（州）总体经济系统效率年均下降了5.18%。西部大开发初期，各市（州）产业蓬勃发展，但能源节约意识不足，重点用能行业节能进展缓慢。这一阶段可再生能源开发处于起步阶段，利用水平较低，经济发展主要依赖于传统化石能源，产出能耗高、污染排放大。2008年青海省提出了"生态立省"的战略，"十一五"时期相较于"十五"时期而言，万元GDP能耗下降了17%。2008~2012年，各市（州）经济效率均出现不同程度的增长，总体年均增速为11.21%。2013~2020年各市（州）经济系统效率由增转降，年均降幅为6.21%。

2012年，党的十八大提出了大力推进生态文明建设的战略决策，青海大力推进产业的转型升级，但由于技术水平和管理经验相对滞后，产业转型调整缓慢。通过对净碳效率分解得出，这一阶段技术进步效率仅为0.93，技术水平有待提升（见图7–4）。

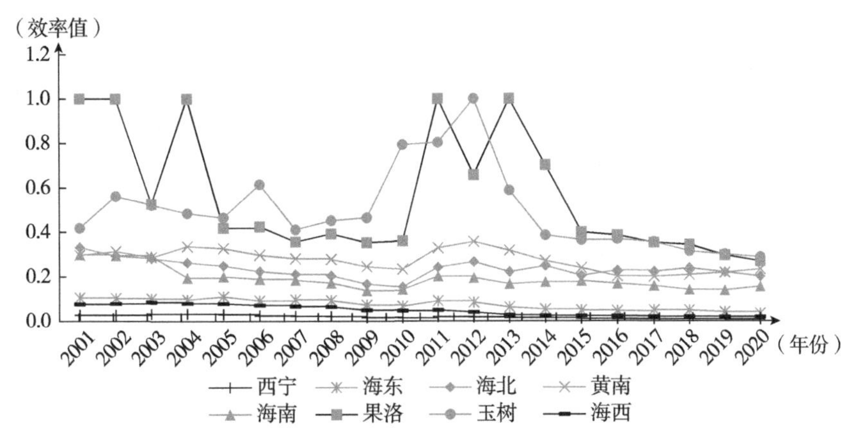

图7–4　2001–2020年各市（州）经济系统效率演化趋势

资料来源：两阶段SBM模型测算结果。

从生态系统效率上来看，各市（州）生态效率总体呈现下降趋势。生态系统效率受到经济产出水平、环境治理投入和固碳减排价值三种要素的影响。由于本研究对中间变量采用了自由连接的处理方式，即第一阶段产出改进的目标是实现GDP最大化，相应地需要在第二阶段减少第一阶段中增加的数量，因而在固碳减排价值基本保持不变的情况下，第二阶段中的GDP投入减少，效率低下主要由节能环保资金投入冗余造成。生态系统效率降幅较大的两个市州是玉树和果洛。2003年初，国务院将三江源地区列为国家级自然保护区，国务院和青海省政府每年对三江源地区的生态保护投入巨大。2020年玉树、果洛两地的节能环保支出分别是2003年的26.19倍和27.21倍，而固碳减排价值仅增长了1.29倍和1.17倍，节能环保资金的利用效率有待提升（见图7–5）。

从整体上来看，只有玉树和果洛两个市州部分年份的效率处在经济系统和生态系统的生产边界上（效率值等于1），其他市州离生产前沿面的距离较远。表明玉树和果洛的经济和环境相较于其他市州而言具有更好的经济绩效和生态绩效。虽然青海省各市（州）的经济系统效率和生态系统效率均处在下降阶段，但2015年以后的降幅减缓，部分市州效率值也有小幅增长。绿色转型需要经受一定的阵痛期，摆脱能源资源依赖、实现产业转型升级更是一个长期且缓慢的过程。

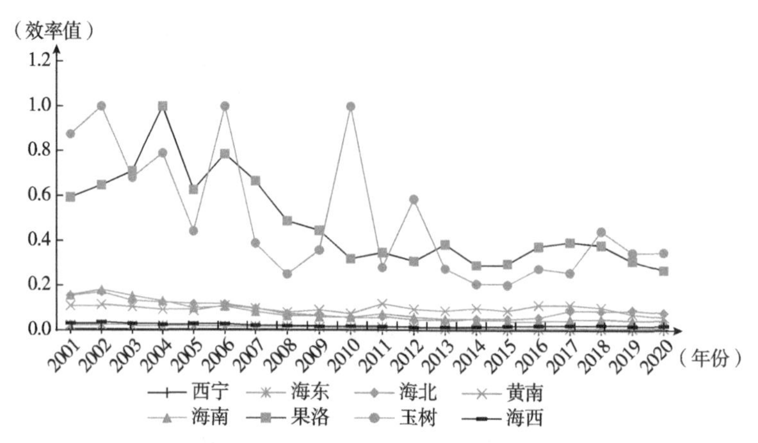

图 7-5　2001~2020 年各市（州）生态系统效率演化趋势

资料来源：两阶段 SBM 模型测算结果。

三、青海省净碳效率空间差异

利用 ArcGIS10.8 软件的自然间断点分级法（Jenks）将 2000~2020 年的年均净碳效率划分为低效率、中等效率和高效率三类。玉树和果洛是净碳效率高值地区，西宁、海西和海东是净碳效率低值区域，黄南、海北和海南是中等效率地区。青海省净碳效率总体上呈现东南向西北递减的趋势。在东部市（州）里，西宁和海东的工业规模较大，经济增长快速，经济总量较大但生态总量相对较小，经济过度集聚造成了净碳效率水平低下。而海西的固碳总量虽在青海省各市（州）中排名第三，但海西同时也是青海省的重工业发展基地，盐湖化工等产业发展产生了较大的碳排放，导致净碳排放效率较低。

以总体经济效率作为横坐标、总体生态效率作为纵坐标，采用二者均值作为横纵坐标交点，用气泡大小代表各市（州）年均净碳效率的大小，绘制得到青海省各市（州）的生态经济效率组合图（见图 7-6）。从其空间分布上来看，各市（州）的净碳效率存在明显的差异性，组合模式可以划分为高高聚集、低低聚集和低高聚集三种类型。

玉树和果洛是经济效率、生态效率以及净碳效率都相对较高的区域。两地济效系统效率高的可能原因在于两地工业占比极少，其中玉树更是以畜牧业为主的农业大州，资本和劳动投入少，能源消耗低，污染排放低。同时，两地的植被覆盖度高，固碳能力强，两地固碳量占全省固碳总量的比重达到 47.02%，是生态系统的效率前沿。西宁、海西和海东是经济效率、生态效率以及净碳效率相对较代的地区。三个市（州）工业发达，工业发展主要依托当地丰富的资源储备，能源消耗大、污染排放较多，经济系统效率相对低下。此外，由于西宁和海东的占地面积较小，而海西沙漠化和荒漠化面积较大，导致三地固碳总量相对较低，由此综合得到的净碳效率也相对低下。黄南、海北和海南三地的净碳效率和经济效率基本相同，生态经济发展均位于青海省的中等水平。

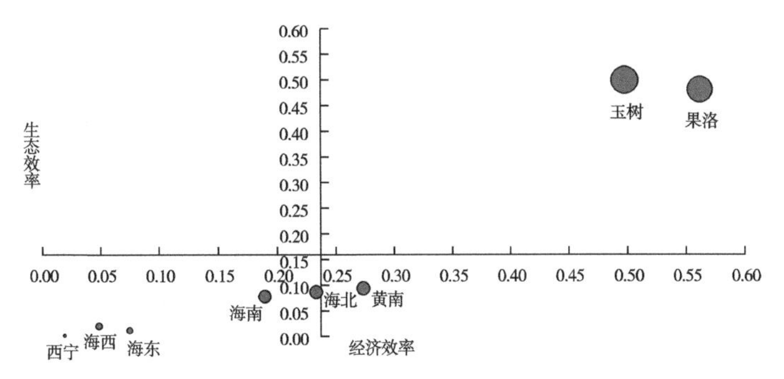

图 7-6 青海省各市（州）生态经济效率组合

第三节 青海省净碳效率影响因素分析

本章研究通过考虑非期望产出的两阶段网络 SBM 模型测算出了青海各市（州）的净碳效率，给出了净碳效率投入产出优化的建议，但 DEA 方法并未指出各市（州）净碳效率受到什么因素的影响。科学认识青海省各市（州）经济发展过程中净碳效率的主要影响因素是实现碳减排的关键，对科学有序推进青海省碳达峰碳中和具有重要意义。

一、面板计量模型构建

（一）空间相关性检验

现有研究表明，碳排放具有显著的空间溢出效应，采用考虑空间相关性的空间面板回归模型似乎更加合理。但从客观上来看，空间计量模型的使用依赖于人为设定的空间权重矩阵，而模型估计结果对空间权重矩阵的选择极为敏感，本研究参照前人的经验做法，分别采用邻接距离，反地理距离，逆经济距离和嵌套地理距离四种空间权重矩阵对青海各市（州）净碳效率进行空间自相关检验（见表 7-3）。

表 7-3　空间权重矩阵的定义

权重矩阵	具体公式	矩阵说明
邻接权重（ W_1 ）	$w_{ij}=\begin{cases}1，地区i与地区j在地理位置上相邻\\0，地区i与地区j在地理位置上不相邻或i=j\end{cases}$	地理位置相邻的两个地区的空间相关性更强
反地理距离（ W_2 ）	$w_{ij}=\frac{1}{d_{ij}}$，d_{ij}表示地区i和地区j间省会城市的距离	省会城市距离相近的两个地区空间相关性更强
逆经济距离（ W_3 ）	$w_{ij}=\frac{1}{\lvert Y_i-Y_j\rvert}$，$Y_i$表示地区$i$历年人均GDP的均值	经济发展差距小的两个地区空间相关性更强
嵌套距离（ W_4 ）	$W_4=W_1\times W_3=\left(w_{ij}\right)_{n\times n}$	将地理相邻和经济差异相结合

空间自相关检验结果（见表 7-4）表明，只有反地理距离矩阵通过了莫兰指数检验，如果强行进行空间回归分析，可能会造成结果的不稳健性。同时考虑到本研究样本量过少，不符合大样本下统计推断的要求，因此本研究未采用空间计量模型进行分析。

表 7-4　各种空间权重矩阵莫兰指数检验结果

年份	邻接距离			反地理距离			逆经济距离			嵌套距离		
	I	z	p值	I	z	p值	I	z	p值	I	z	p值
2001	0.07	1.36	0.17	0.05	1.82	0.07	0.69	0.96	0.34	0.18	0.52	0.60
2002	0.09	1.53	0.13	0.08	2.10	0.04	0.70	1.02	0.31	0.18	0.55	0.58
2003	0.08	1.37	0.17	0.06	1.98	0.05	0.79	1.04	0.30	0.20	0.54	0.59
2004	0.04	1.39	0.17	0.02	1.54	0.12	0.44	0.78	0.44	0.20	0.63	0.53
2005	0.12	1.58	0.11	0.07	2.08	0.04	1.02	1.27	0.20	0.13	0.42	0.67
2006	0.09	2.03	0.04	0.08	2.01	0.05	0.44	0.92	0.36	0.19	0.71	0.48
2007	0.11	1.54	0.12	0.07	2.02	0.04	1.04	1.30	0.20	0.14	0.44	0.66
2008	0.12	1.57	0.12	0.07	2.01	0.05	1.04	1.30	0.20	0.14	0.43	0.67
2009	0.14	1.83	0.07	0.09	2.20	0.03	0.79	1.09	0.28	0.22	0.60	0.55
2010	0.04	2.00	0.05	0.06	1.81	0.07	0.28	0.79	0.43	0.16	0.74	0.46
2011	0.13	1.70	0.09	0.06	1.95	0.05	0.63	0.89	0.37	0.25	0.63	0.53
2012	0.12	1.99	0.05	0.08	2.11	0.04	0.49	0.86	0.39	0.22	0.68	0.50
2013	0.09	1.60	0.11	0.04	1.76	0.08	0.56	0.85	0.39	0.23	0.63	0.53
2014	0.05	1.34	0.18	0.03	1.60	0.11	0.71	1.07	0.29	0.14	0.49	0.62
2015	0.09	1.42	0.16	0.06	1.95	0.05	0.92	1.17	0.24	0.15	0.45	0.65

续表

年份	邻接距离			反地理距离			逆经济距离			嵌套距离		
	I	z	p值	I	z	p值	I	z	p值	I	z	p值
2016	0.09	1.43	0.15	0.07	2.03	0.04	0.85	1.10	0.27	0.11	0.39	0.70
2017	0.08	1.36	0.18	0.06	1.99	0.05	0.90	1.15	0.25	0.07	0.33	0.74
2018	0.08	1.40	0.16	0.07	2.02	0.04	0.86	1.13	0.26	0.04	0.29	0.78
2019	0.06	1.24	0.22	0.06	1.96	0.05	0.96	1.23	0.22	–0.01	0.20	0.84
2020	0.06	1.35	0.18	0.07	2.02	0.04	0.89	1.22	0.22	0.08	0.37	0.71

资料来源：笔者采用Stata15软件计算得到。

（二）固定效应面板模型

青海省碳排放和碳汇量的时空演化结果表明，青海省各市（州）净碳效率会受到个体和时间差异的影响，所以本研究采用固定效应下的面板回归模型进行分析。固定效应面板回归的基本公式如下：

$$Y_{it} = \beta_i X_{it} + \sum \varphi u_i + \sum \gamma v_t \qquad (7\text{–}14)$$

其中，Y_{it}表示净碳效率；β_i表示变量X的估计系数；X_{it}是模型选取的第i个市州第t期的变量；u_i表示个体效应，控制未被观测到的、个体中不随时间变化的因素；v_t表示时期效应，控制同一年份不随个体变化的因素。

二、理论基础与变量选取

（一）碳排放影响因素探讨

净碳效率的影响因素众多，现有研究表明碳效率与经济、产业，能源、科技以及政府干预等因素息息相关。碳效率影响因素相关研究指标选取汇总（见表7–5）。

（二）变量选取与数据来源

现有碳效率相关文献显示，碳效率的主要影响因素有经济水平、产业结构、能源结构、技术创新、环境规制、金融发展、政府干预、开放程度和其他因素等。考虑到青海省对外贸易并不发达且市州外贸数据缺失较为严重，本研究不考虑外贸因素对净碳效率的影响。而环境规制与政府干预具有一定的共线性，基于数据可得性本书选取了财政收入占GDP的比重作为政府干预的替代指标。借鉴前人的做法，将经济规模、产业结构、能源效率、科技水平、金融发展水平和财政依存度纳入回归模型当中。

表 7-5　相关研究碳效率影响因素指标选取及结果

参考文献	经济水平	产业结构	能源结构	技术创新	环境规制	金融发展	政府干预	开放程度	其他因素
丁凡琳等（2022）	GDP（+，no）、GDP^2（+，no）	第三产业产值 /GDP（+，no）		企业专利授权总数（+，no）	废气治理投资额（+，no）		是不是碳试点地区（+，yes）	常住人口数量（–，yes）	
李德山等（2018）				研发支出比重（–，yes）、专利申请数（+，yes）		存贷款余额 /GDP（–，yes）、存款余额 /GDP（–yes）、股票市值 /GDP（–，yes）、（存贷款余额 /GDP）^2（+，yes）、（存款余额 /GDP）^2（+，yes）	财政支出 /GDP（–，yes）	外商直接投资 /GDP（+，yes）	市场化率（+，yes）
郑宝华和刘东皇（2017）		第三产业产值 /GDP（+，yes）	煤炭消费量 / 能源消费总量（–，yes）	研发经费支出 /GDP（+，yes）	污染治理投资 /GDP（+，no）			外商投资 / 工业企业总产值（+，yes）	
何枫和杨超（2023）	人均 GDP（+，yes）		煤炭消费量 / 能源消费总量（–，yes）	R&D 经费支出 /GDP（–，no）	城市空气质量指数（+，yes）、非正式环境规制综合指数（+，yes）			外商投资额 /GDP（+，yes）	
钟业喜和吕科可（2023）	人均 GDP（+，yes）	第二产业增加值 /GDP（–，yes）		专利授权量（+，yes）		存贷款余额 /GDP（–，yes）	财政支出 /GDP（–，yes）	外商投资额 /GDP（–，yes）	

续表

参考文献	经济水平	产业结构	能源结构	技术创新	环境规制	金融发展	政府干预	开放程度	其他因素
孙浩和郭劲光（2022）	人均 GDP（+，yes）	第三产业与第二产业增加值之比（+，yes）		每百人国内专利授权量（+，yes）	污染物治理投入（+，yes）、污染物治理投入 ^2（−，yes）		地方财政支出 / GDP（−，yes）	外商投资额 / GDP（−，yes）	
油建盛等（2022）		区位熵衡量的工业集聚程度（−，yes）、工业产值占三次产业产值的比重（−，yes）		R&D 经费支出 /GDP（+，no）	工业污染治理投资 / 工业总产值（+，no）		地方财政支出 / GDP（+，yes）	外商直接投资 / GDP（−，yes）	城镇化率（−，no）
林丽梅等（2022）	人均 GDP（−，yes）、人均 GDP^2（+，yes）	第二产业产值占第三产业产值的比重（−，yes）		每万人专利授权数（+，yes）	工业污染治理投资额 / 工业增加值（−，yes）、（工业污染治理投资额 / 工业增加值）^2（+，yes）			外商直接投资 / GDP（+，yes）	城镇化率（+，yes）、单位能源劳动力数量（+，yes）、绿色发展效率滞后一期（+，yes）
姚进才和袁晓玲（2023）	人均 GDP（−，no）	第二产业产值 /GDP（−，yes）		科学技术支出 /GDP（+，yes）		存贷款余额 /GDP（+，yes）		进口总额 /GDP（+，yes）	
者彩虹和韩燕（2022）	人均 GDP（−，yes）	第二产业增加值 /GDP（0，no）		科学技术支出占公共财政支出的比重（−，yes）	固体废物综合利用率（−，yes）	存贷款余额 /GDP（0，no）			

注：（+）、（−）、0 表示研究结果表明该因素与碳效率呈正相关、负相关和不相关；yes、no 表示相关关系不显著。

（1）经济规模。根据环境库兹涅茨曲线，经济发展水平与环境污染之间呈现出倒“U”形关系，环境污染随着收入的提升先增加后逐渐减少。发达国家的碳达峰经验表明，碳达峰一般出现在人均 GDP 达到 2 万美元后，地区的经济增长目标对碳排放有着重要影响。因此，本书进一步分析经济规模对于碳效率的作用，采用地区生产总值来衡量。

（2）产业结构。产业的发展与能源消费密切相关，而能源消费是导致碳排放的重要因素。有研究表明，产业结构转型与能源消耗之间存在着先增加后减少的倒“U”形关系。本书中的青海省能源消费变化情况显示，2000~2020 年青海省能源消耗出现了拐点，产业转型的降耗作用明显，但与净碳效率之间的关系如何仍待验证。工业是化石能源的主要消费源，工业化占比越大，碳排放强度则越高，因此本书选取第二产业产值占 GDP 的比重作为产业结构的衡量指标。

（3）能源效率。能源消费作为碳排放的主要来源，改进能源利用效率对提升碳效率水平和推动经济社会低碳发展具有意义重大。本书采用两阶段 SBM 计算得到的最优能源投入量占实际能源消费量的比重作为能源效率的衡量指标。

（4）科技水平。索洛经济增长理论认为，区域经济趋于收敛，而现实中经济发展水平存在较大差距的原因在于技术进步。技术进步是能源效率提升的关键。区域科技水平的高低，不仅会影响能源使用效率，还体现企业转型。由于青海各市（州）的 R&D 经费支出数据缺失较为严重，本书选取科技行业产值作为科技发展水平的衡量指标。

（5）金融发展水平。金融发展能优化资源配置效率，对产业发展具有指引作用。有研究表明，金融发展对碳排放强度的影响呈倒“U”形关系。通过在金融信贷领域设立能源和环境准入条件，可以从源头上有效遏制高耗能、高污染企业无序发展，从而提升区域净碳效率。本书主要考虑信贷对于产业发展的影响，因此选择金融机构贷款余额占 GDP 的比重作为金融发展程度的衡量指标。

（6）财政依存度。一般而言，财政收入占 GDP 的比重越高，说明地方政府的财力越充足。一方面，地方财政通过环保及科学技术等支出改善环境质量和提升节能技术，减少二氧化碳排放；另一方面，政府的环保支出有利于生态保护，能够提升区域固碳量。青海对中央财政转移支付的依赖较大，财政收入规模比支出规模更能体现政府的控制力，因此本书以地方财政收入占 GDP 比例衡量财政支出对净碳效率的影响。

各变量描述性统计显示，变量的标准差较大，为了缩小数据之间的绝对差异，尽可能避免共线性和异方差问题，对所有解释变量进行对数化处理。取对数后的数据标准差得到有效减小，后文采用取对数后的数据进行分析（见表 7-6）。

表 7-6　变量的描述性统计

符号	变量	变量描述	观测值	均值	标准差	最小值	最大值
y	净碳效率	两阶段 SBM 全局总效率	160	0.11	0.16	0.00	1.00
*x*1	经济规模	地区生产总值（GDP）	160	121.01	184.80	3.67	803.45
*x*2	产业结构	第二产业产值占GDP 的比重	160	41.70	16.25	6.60	81.40
*x*3	能源效率	目标能源投入占实际能源消费量的比重	160	0.90	0.14	0.21	1.00
*x*4	科技水平	科学研究和技术服务业产值	160	2.75	7.09	0.00	56.49
*x*5	金融发展水平	金融机构贷款余额占 GDP 的比重	160	0.78	0.87	0.04	4.21
*x*6	财政依存度	财政收入合计占GDP 的比重	160	61.53	65.02	1.90	363.13

三、实证结果分析

（一）面板单位根与协整检验

由于研究的时间跨度较大，如果是数据非平稳，可能会导致伪回归的问题。因此，在正式进行回归分析之前，需要先进行面板单位根检验和协整检验。常见的长面板单位根检验方法有 LLC 检验、IPS 检验、Fisher 检验、Breitung 检验和 HadriLM 检验等，本书选取前三种方法进行验证。检验结果表明，Fisher-ADF 检验在 5% 的显著性水平下原数据平稳，LLC 检验和 IPS 检验一阶差分后数据平稳，满足进行协整检验的条件（见表 7-7）。

表 7-7　各变量的单位根检验结果

变量		*y*	ln*x*1	ln*x*2	ln*x*3	ln*x*4	ln*x*5	ln*x*6
LLC	类型	（c，t，1）	（c，t，1）	（c，t，1）	（c，t，1）	（c，t，1）	（c，t，1）	（c，t，1）
	水平值	-2.201	-3.332	-3.939	-2.377	-2.002	-5.93	-2.192
	p 值	0.0139	0.0004	0.0000	0.0087	0.0227	0.0000	0.0142
	结论	原序列稳	一阶差分平稳	一阶差分平稳	原序列平稳	原序列平稳	一阶差分平稳	原序列平稳
IPS	类型	（c，t，0）	（c，t，0）	（c，t，0）	（c，t，0）	（c，t，0）	（c，t，0）	（c，t，0）
	水平值	-6.392	-5.518	-6.307	-7.152	-5.834	-2.321	-3.007

续表

变量		y	lnx1	lnx2	lnx3	lnx4	lnx5	lnx6
IPS	p 值	0.0000	0.0000	0.0000	0.0000	0.0000	0.0101	0.0013
	结论	原序列平稳	一阶差分平稳	一阶差分平稳	一阶差分平稳	一阶差分平稳	原序列平稳	原序列平稳
Fisher-ADF	类型	(c, t, 1)	(c, t, 1)	(c, t, 1)	(c, t, 1)	(c, t, 1)	(c, t, 1)	(c, t, 1)
	水平值	6.538	5.2118	3.7742	8.2189	6.0578	6.3681	6.4557
	p 值	0.0000	0.0000	0.0001	0.0000	0.0000	0.0000	0
	结论	原序列平稳	原序列平稳	原序列平稳	原序列平稳	原序列平稳	原序列平稳	原序列平稳

注：检验类型（c，t，L）中的“c”代表截距项，为 0 表示不含截距项；“t”表示趋势项，为 0 表示不含趋势项；“L”则表示滞后阶数。p 值小于 0.01、0.05 和 0.1 时分别表示在 1%、5%、10% 的水平上显著。

协整检验的目的在于确定各不平稳时间序列的线性关系是否长期稳定，只有变量序列之间存在长期稳定的均衡关系才能进行回归分析。进行为保证结果的稳健性，对一阶差分后的数据做进一步的协整检验。检验结果表明，差分后序列存在长期的协整关系，可以对原序列进行回归分析（见表 7-8）。

表 7-8　面板协整检验结果

检验方法	类型	水平值	p 值
Kao 检验	Modified Dickey-Fullert	-8.0681	0.0000***
	Dickey-Fullert	-17.0933	0.0000***
	Augmented Dickey-Fullert	-9.3342	0.0000***
	Unadjusted Modified Dickey	-20.5274	0.0000***
	Unadjusted Dickey-Fullert	-20.5262	0.0000***
Pedroni 检验	Modified Phillips-Perront	2.7455	0.0030***
	Phillips-Perront	-7.6409	0.0000***
	Augmented Dickey-Fullert	-6.2605	0.0000***

注：*** 表示在 10% 的水平上显著。

（二）结果分析

Hausman 检验结果表明，在 5% 的显著性水平下拒绝随机效应的原假设，应该使用固定效应面板回归模型。因此，本书以混合 OLS 回归模型（1）作为基准，再分别采用个体固定效应模型（2）、时间固定效应模型（3）以及个体和时间双向固定效应模型（4）三种模型进行计算。在混合 OLS 回归中，除了经济规模对净碳效率的影响不显著，其余变量与净碳效率均具有显著的负向相关关系。三种固定效应回归结果与 OLS 回归相比，系数符号并未改变，只是部分变量的显著性发生了变动。回归结果显示，模型（4）的拟合优度更高，因而选择双向固定效应回归模型进行分析更为合适。在双向固定效应下产业结构、能源效率和财政依存度对净碳效率均具有显著的负向影响（见表 7–9）。

表 7–9　面板模型回归结果

y	（1）OLS	（2）FE_i	（3）FE_t	（4）FE_it
lnx1	0.0237 （1.65）	0.0478* （2.42）	0.0049 （0.29）	0.0379 （0.86）
lnx2	–0.182*** （–6.62）	–0.0918** （–2.70）	–0.205*** （–7.01）	–0.117** （–2.86）
lnx3	–0.167*** （–3.36）	–0.184*** （–3.99）	–0.139** （–2.69）	–0.165** （–3.37）
lnx4	–0.0211*** （–4.44）	–0.0009 （–0.17）	–0.0223*** （–4.62）	–0.0016 （–0.28）
lnx5	–0.0456** （–2.75）	–0.0448* （–2.33）	–0.0325 （–1.70）	–0.0264 （–0.90）
lnx6	–0.0355*** （–4.33）	–0.0662*** （–6.75）	–0.0727*** （–3.76）	–0.0667** （–3.07）
_cons	0.732*** （9.45）	0.309** （2.62）	0.920*** （9.64）	0.425 （1.86）
N	160	160	160	160
R–sq	0.6147	0.7223	0.6754	0.7540
个体效应		yes		yes
时间效应			yes	yes

注：*、**、*** 分别表示在 1%、5%、10% 的水平上显著。

产业结构与净碳效率的相关系数为 –0.117，通过了 5% 的显著性检验，表明在其他因素不变的情况下，第二产业占 GDP 的比重每增加 1%，净碳效率就会下降 0.117 个单位。意味着现阶段的产业仍处在中低端发展阶段，产业发展尚未能完全摆脱资源依赖，能耗与污染排放水平仍然较高。

能源效率与净碳效率的相关系数为 –0.165，通过了 5% 的显著性检验，表明在其他因素不变的情况下，目标能源投入量占实际能源消费量的比重每增加 1%，净碳效率就会下降 0.165 个单位。由于现阶段经济系统生产存在投入冗余和产出不足的情况，目标能源投入量小于实际能源投入量，能源效率比值的提升体现了投入产出优化的过程，能源效率值越接近于 1 则经济系统投入产出最优。而回归结果表明，随着能源效率的提升，系统整体的净碳效率会下降，可能的原因在于能源消费结构不够合理，能源低碳化转型仍待加强。

财政依存度与净碳效率的相关系数为 –0.0667，通过了 5% 的显著性检验，表明在其他因素不变的情况下，财政收入占 GDP 的比重每增加 1%，净碳效率就会下降 0.0667 个单位。意味着市州政府的财力越强，对净碳效率的削弱作用越大。由于中央财政补贴的影响，玉树和果洛两地的财政依存度长期处于较高水平，环境保护支出规模不断提升，但生态效率的改善并不明显。一方面，可能的原因在于，污染早期治理的投资回报率较高，随着工业经济不断推进，污染治理难度也相应提升；另一方面，可能在于生态治理资金配置不够科学合理，未能实现生态保护资金的精准配置。

值得注意的是，经济规模在个体固定效应 10% 的水平下是显著的，经济增长对净碳效率具有正向影响，碳效率随着经济规模的扩大而增长。加入时间固定效应后虽然经济规模的系数符号并未改变，但对净碳效率的影响却不显著，说明经济规模与净碳效率之间的相互作用在市州之间存在显著的差异而年际变化不明显。科技水平和金融发展水平对净碳效率具有负向相关关系，但回归系数并不显著，表明现阶段技术改进和金融资金的投向重点可能在于提升产出水平，而对低碳经济相关领域的作用尚未体现。

（三）稳健性检验

检验 1：改变模型。由于 DEA 效率值处于 0~1，属于受到限制的因变量。连续变量在做回归分析时，如果因为截堵或者截断而只能取一定范围的值，继续采用 OLS 回归会造成估计量的不一致。因此，学者在进行碳效率分析时，通常也会采用面板 Tobit 模型进行分析模型（5）。此外，在固定效应模型中，虽然控制了随个体改变以及随时间而改变的误差项，消除了个体差异和群体差异的影响，但不能判定是否存在组内和组间自相关问题，因此采用面板校正标准误对组间异方差与同期相关进行检验模型（6）。

检验 2：替换变量。模型（4）中经济规模采用地区生产总值来衡量，为消除地区人口差异，在模型（7）中使用人均 GDP 替换 GDP 进行双向固定效应模型检验。此外，经济规模作为关键变量在双向固定效应中并不显著，而现有研究表明经济发展与碳效率之间存在“U”形或倒“U”形关系，在模型中添加经济规模的二次项再次进行双向固定效应回归，检验经济发展水平与碳效率之间的曲线形态模型（8）。

三种稳健性检验的结果显示，Tobit 模型是离散变量模型，并不报告 R^2 值，似然比检验的 p 值为 0.000<0.05，即说明放入的 6 个解释变量对于模型有帮助，模型构建有意义。对于 FGLS 而言，模型主要处理合并数据的组内自相关和组间异方差问题，并未考虑个体效应，采用拟合优度进行模型筛选的意义不大，因而结果中并未报告 FGLS 的 R^2 值。采用人均 GDP 替换 GDP 的双向固定效应模型拟合优度有细微的提升，但系数的方向和显著性与模型（4）相比并未改变。加入 GDP 二次项的双向固定效应模型拟合优度大幅下降，说明模型中并不应该纳入 GDP 的二次项（见表 7-10）。

表 7-10　稳健性检验结果

y	（5）Tobit	（6）FGLS	（7）PGDP	（8）GDP^2
lnx1	0.0337 （1.70）	−0.0006 （−0.05）		0.0156 （0.22）
lnx2	−0.114** （−3.28）	−0.0602*** （−3.36）	−0.115** （−2.95）	−0.113** （−2.65）
lnx3	−0.184*** （−4.02）	−0.0856* （−2.48）	−0.158** （−3.16）	−0.164** （−3.32）
lnx4	−0.0041 （−0.74）	0.0005 −0.1200	−0.0026 （−0.44）	−0.0020 （−0.34）
lnx5	−0.0502** （−2.65）	−0.0248* （−2.18）	−0.0281 （−0.96）	−0.0245 （−0.82）
lnx6	−0.0561*** （−5.33）	−0.0533*** （−8.31）	−0.0645** （−2.93）	−0.0625* （−2.57）
lnpgdp			0.0670 −0.9900	
（lnx1）^2				0.0025 −0.3900

续表

y	（5）Tobit	（6）FGLS	（7）PGDP	（8）GDP^2
_cons	0.539*** （5.13）	0.392*** （7.84）		0.589*** （3.73）
N	160	160		160
log（sigma）	145.85***			
R-sq			0.7545	0.1933
个体效应		yes	yes	yes
时间效应		yes	yes	yes

注：*、**、*** 分别表示在 1%、5%、10% 的水平上显著。

与模型（4）相比，产业结构、能源效率和财政依存度对净碳效率的影响和方向并未发生改变，表明原双向固定效应模型的稳健性。需要关注的是，在模型（6）中，经济规模与净碳效率的关系系数变为负数，表明经济规模扩大阻碍了净碳效率提升，但这一负向影响并不显著。在模型（7）中，引入了经济规模的二次项，但得到的二次项系数也同样并不显著，表明现阶段青海省经济规模对净碳效率的影响不显著。

研究结果显示，在研究期间内，产业结构、能源效率和财政依存度三个因素与净碳效率存在显著的负向相关关系。表明现阶段青海省的产业结构尚处于中低端发展阶段，能源的消费结构不够合理，在环保资金投入上仍需作出更加精准的配置。经济规模、技术创新和金融发展水平对净碳效率的影响并不显著。表明研究期间内规模效应尚未对净碳效率产生影响，技术投入和金融支出在低碳经济相关领域的作用尚未体现。

现阶段，工业和能源消费对净碳排放效率具有重要影响，生态经济发展的推进需要更加注重产业结构优化和能源消费结构调整。面对产业发展的环境约束和技术瓶颈，需要对财政资金作出更加合理的规划，加大对低碳技术的投入力度和对环保产业的资金支出，将环境脆弱性的劣势转变为生态竞争的优势，扩大经济产出的规模，促进生态与经济的协调发展。

第八章

青海省碳达峰碳中和中利益主体的行为策略

——以青海零碳产业园区建设为例

零碳产业园是在“双碳”背景下，为了应对气候变化而兴起的一种新型产业园模式。零碳产业园的核心要义是综合采取各种措施来实现园区的净零碳排放。建设零碳产业园是一个系统的工程，需要零碳技术、碳交易市场机制、绿色金融、政企协同等诸多方面支撑。本章以零碳产业园为例，探析相关利益主体协同建设零碳产业园过程中的行为策略演化规律，可以为全省科学有序推进碳达峰碳中和提供有益借鉴。

第一节　青海零碳产业园区规划建设概况

青海零碳产业园区位于海东市，与甘肃省接壤，是东部地区、中西部地区进入青海省的第一站。园区规划总面积 22.09 平方千米，建设用地 12.35 平方千米，南北长约 11 千米，东西宽约 1.5 千米。园区以“双碳”为目标、产业“四地”建设为指引，深度融入国家“一带一路”和兰西城市群发展战略，率先建成集能源供应、产业发展、碳排放管理于一体的零碳技术集聚区和先行示范区，打造东西部协作新典范，开拓西部地区低碳绿色发展新路径。园区总体定位为：零碳先锋谷地，智慧科技园区；国家清洁能源产业高地；省级零碳技术集聚区和先行园区；青海产业“四地”建设示范园区和新的增长极；西宁—海东一体化创新性发展引领区；河湟新区产业动能策源地。园区以绿电为基础，以发展零碳产业为核心，形成“4+1”产业体系，即打造“以锂体系为主的电化学电池产业”“以光、风、氢能为主的新能源多能融合产业”“绿色有机农畜产品精深加工业”“基于绿电能源利用的大数据科技低碳产业”四大主导产业以及“支持零碳产业发展的生产性服务业”配套产业。

第二节　利益主体演化博弈模型构建

青海零碳产业园区（以下简称零碳产业园）建设过程中利益相关者协同机制形成的关键在于各利益相关者经过不断地试错后摆脱“囚徒困境”，最终各利益相关者一致采取“协同策略”。尽管国内外学者从碳交易、碳捕集、碳排放测算、碳排放系统动力学模型、综合能源系统、零碳园区规划等不同方面开展了研究，并取得了较多成果，但缺乏对零碳产业园建设过程中利益相关者协同机制的研究。演化博弈理论基于有限理性前提，通过复制动态的学习机制来描述利益相关者的试错过程，能够对利益要素驱动下各利益相关者的策略选择机制提供理论支撑。在零碳产业园建设过程中，相关利益主体主要涉及地方政府、园区管委会和驻园企业（以下简称政企园），在协同建设零碳产业园过程中的发展诉求和行为策略各不相同。

一、基本假设

零碳产业园的建设，包括对现有园区的改造和新建两大类，以当前的科学技术水平，难以在园区施工阶段实现零碳，所以零碳主要是针对园区的运营阶段而言。在推进产业园零碳化过程中，考虑一个由地方政府、园区管委会和驻园企业三方决策主体构成的博弈模型，假设三方主体均为有限理性：各主体利益诉求存在差异，同时各主体难以获得其他主体的完全信息，需要经历多次博弈才能达成共识。

地方政府是零碳产业园的主要决策和监管者，地方政府通过推进零碳产业园的建设和运营，可以促进产业低碳化转型发展，但地方政府也需要承担园区建设、财税补贴等成本。因此，地方政府建设零碳产业园的可选策略为积极推进与消极推进，概率分别为 x（$0 \leqslant x \leqslant 1$）和 $1-x$。园区管委会是零碳产业园的具体运营和管理机构，园区管委会通过积极有效的规划和管理，可以获得更多管理服务收益，同时也会承担更多的相应成本。因此，园区管委会的可选策略为积极管理与消极管理，概率分别为 y（$0 \leqslant y \leqslant 1$）和 $1-y$。驻园企业作为零碳产业园的主要参与者，其职责是积极开展节能降碳技术的研发应用，进而获得市场竞争优势，相应地驻园企业需要承担土地租赁、研发投入等成本。因此，驻园企业的可选策略为积极研发与消极研发，概率分别为 z（$0 \leqslant z \leqslant 1$）和 $1-z$。

在“双碳”背景下，节能减排与绿色低碳的考核奖惩制度逐步完善，上级政府对于地方政府积极建设零碳产业园会给予试点示范专项资金支持，相应地地方政府对于园区管委会积极管理、驻园企业积极研发给予财税支持；此外，全国碳市场已经启动线上交易，驻园企业通过低碳化生产可将节余的碳配额进行出售。在此基础上，设定其他相关参数（见表 8–1）

表 8–1　参数定义

参数	定义
A	地方政府消极推进时的初始收益
B	地方政府积极推进获专项资金支持后的收益
C	地方政府消极 / 积极推进低碳绩效及声誉损失 / 收益
D	地方政府给管委会拨付的经费
E	地方政府积极推进给管委会积极管理拨付的经费
F	地方政府积极推进给驻园企业积极研发的补贴
R	园区管委会积极管理时向驻园企业收取的租金及管理服务费
G	园区管委会消极管理时向驻园企业收取的租金及管理服务费
H	园区管委会消极 / 积极管理时园区竞争力及声誉损失 / 收益
I	园区管委会消极管理时招商、宣传及管理费用支出
J	园区管委会积极管理招商、宣传及管理费用支出
K	驻园企业消极研发时的生产收益
L	驻园企业积极研发时的生产收益
M	驻园企业消极研发时的生产支出
N	驻园企业积极研发增加研发投入后的生产支出
O	地方政府对驻园企业的征税额
P	地方政府积极推进对驻园企业积极研发的征税额
Q	驻园企业消极研发时购买碳配额的支出 / 积极研发时出售碳配额的收益

二、收益矩阵

（1）当地方政府选择积极推进时，可以获得专项资金支持（B）、碳绩效及声誉收益（C），也可以获得驻园企业积极研发时的征税额（P）或驻园企业消极研发时的征税额（O）；同时地方政府对园区管委会拨付积极管理经费（E）或消极管理经费（D），并对驻园企业积极研发进行补贴（F）。地方政府选择消极推进时，可以获得初始收益（A）、对驻园企业征税额（O）；此时损失碳绩效及声誉（C），并向园区管委会拨付经费（D）。

（2）当园区管委会选择积极管理时，可以获得地方政府积极推进时的经费拨付（E）或消极推进时的经费拨付（D）、园区竞争力及声誉收益（H），并向驻园企业收取租金及管理服务费（R），同时支出招商、宣传及管理费用（J）。园区管委会选择消极管理时，可以获得地方政府的经费拨付（D）、向驻园企业收取的租金及管理服务费（G），此时损失园区竞争力及声誉（H），支出招商、宣传及管理费用（I）。

（3）驻园企业选择积极研发时，可以获得生产收益（L）、出售碳配额收益（Q）、地方政府积极推进时的补贴（F），但也需要支出生产费用（N），同时缴纳地方政府积极推进时的税额（P）或消极推进时的税额（O）、缴纳园区管委会积极管理时的费用（R）或消极管理时的费用（G）。驻园企业选择消极研发时，可以获得生产收益（K），支出生产费用（M）、支出购买碳配额费用（Q）、向地方政府缴纳税额（O），缴纳园区管委会积极管理时的费用（R）或消极管理时的费用（G）。

在不同策略组合下，各博弈方的收益不同（见表 8–2）。

表 8–2　零碳产业园三方主体演化博弈收益矩阵

地方政府	园区管委会	驻园企业	
		积极研发（z）	消极研发（$1-z$）
积极推进（x）	积极管理（y）	$B+C+P-E-F$	$B+C+O-E$
		$E+R+H-J$	$E+R+H-J$
		$L+Q+F-N-P-R$	$K-M-Q-O-R$
	消极管理（$1-y$）	$B+C+P-D-F$	$B+C+O-D$
		$D+G-H-I$	$D+G-H-I$
		$L+Q+F-N-P-G$	$K-M-Q-O-G$

续表

地方政府	园区管委会	驻园企业	
		积极研发（z）	消极研发（$1-z$）
消极推进（$1-x$）	积极管理（y）	$A+O-C-D$	$A+O-C-D$
		$D+R+H-J$	$D+R+H-J$
		$L+Q-N-R-O$	$K-M-Q-O-R$
	消极管理（$1-y$）	$A+O-C-D$	$A+O-C-D$
		$D+G-H-I$	$D+G-H-I$
		$L+Q-N-G-O$	$K-M-Q-O-G$

第三节　利益主体行为稳定策略分析

一、各主体复制动态方程及稳定策略

设地方政府选择积极推进和消极推进的期望收益分别为 U_{1Y} 和 U_{1N}，可得：

$U_{1Y}=yz(B+C+P-E-F)+y(1-z)(B+C+O-E)+z(1-y)(B+C+P-D-F)+(1-y)(1-z)(B+C+O-D)$

$U_{1N}=yz(A+O-C-D)+y(1-z)(A+O-C-D)+z(1-y)(A+O-C-D)+(1-y)(1-z)(A+O-C-D)$

地方政府选择积极推进时的复制动态方程为：

$$F_1(x)=dx/dt=x(1-x)(U_{1Y}-U_{1N})=x(1-x)(B-A+2C+Dy-Ey-Fz-Oz+Pz) \quad (8-1)$$

同理，可得园区管委会选择积极管理时的复制动态方程为：

$$F_2(y)=dy/dt=y(1-y)(2H-G+I-J+R-Dx+Ex) \quad (8-2)$$

同理，可得驻园企业选择积极研发时的复制动态方程为：

$$F_3(z)=dz/dt=z(1-z)(L-K+M-N+2Q+Fx+Ox-Px) \quad (8-3)$$

（一）地方政府稳定策略

依据复制动态方程定理，当 $F_1(x)=0$ 且 $F_1'(x)<0$ 时，x 为演化稳定策略。

令 $F_1(x)=0$，得到 $x=1$，$x=0$，$y=(A-B-2C+Fz+Oz-Pz)/(D-E)$。记 $(A-B-2C+Fz+Oz-Pz)/(D-E)=V_1$。当 $y=V_1$ 时，$F_1(x)=0$，x 取区间内任意值都是稳定状态，地方政府的策略选择概率 x 不会随时间变化而变化。当 $y\neq V_1$ 时，分两种情况讨论：①当 $0<y<V_1$ 时，有 $F_1'(1)>0$ 和 $F_1'(0)<0$，故 $x=0$ 是演化稳定点，当园区管委会选择积极管理的概率低于 V_1 时，地方政府选择消极推进；②当 $V_1<y<1$ 时，有 $F_1'(1)<0$ 和 $F_1'(0)>0$，故 $x=1$ 是演化稳定点，当园区管委会选择积极管理的概率高于 V_1 时，地方政府选择积极推进。基于以上分析可知，园区管委会选择积极管理的概率提高后，地方政府选择积极推进的概率会提高；同理可得，驻园企业选择积极研发的概率提高后，地方政府选择积极推进的概率也会提高。

（二）园区管委会稳定策略

依据复制动态方程定理，当 $F_2(y)=0$，$F_2'(y)<0$ 时，y 为演化稳定策略。令 $F_2(y)=0$，得到 $y=1$，$y=0$，$x=(2H-G+I-J+R)/(D-E)$。记 $(2H-G+I-J+R)/(D-E)=V_2$。当 $x=V_2$ 时，$F_2(y)=0$，y 取区间内任意值都是稳定状态，园区管委会的策略选择概率 y 不会随时间变化而变化。当 $x\neq V_2$ 时，分两种情况讨论：①当 $0<x<V_2$ 时，有 $F_2'(1)>0$ 和 $F_2'(0)<0$，故 $y=0$ 是演化稳定点，当地方政府选择积极推进的概率低于 V_2 时，园区管委会选择消极管理；②当 $V_2<x<1$ 时，有 $F_2'(1)<0$ 和 $F_2'(0)>0$，故 $y=1$ 是演化稳定点，当地方政府选择积极推进的概率高于 V_2 时，园区管委会选择积极管理。基于以上分析可知，地方政府选择积极推进的概率越高，园区管委会越倾向于选择积极管理。

（三）驻园企业稳定策略

依据复制动态方程定理，当 $F_3(z)=0$、$F_3'(z)<0$ 时，z 为演化稳定策略。令 $F_3(z)=0$，得到 $z=1$，$z=0$，$x=-(L-K+M-N+2Q)/(F+O-P)$。记 $-(L-K+M-N+2Q)/(F+O-P)=V_3$。当 $x=V_3$ 时，$F_3(z)=0$，z 取区间内任意值都是稳定状态，驻园企业的策略选择概率 z 不会随时间变化而变化。当 $x\neq V_3$ 时，分两种情况讨论：①当 $0<x<V_3$ 时，有 $F_3'(0)<0$ 和 $F_3'(1)>0$，故 $z=0$ 是演化稳定点，当地方政府选择积极推进的概率低于 V_3 时，驻园企业会选择消极研发；②当 $V_3<x<1$ 时，有 $F_3'(0)>0$ 和 $F_3'(1)<0$，故 $z=1$ 是演化稳定点，当地方政府

选择积极推进的概率高于 V_3 时，驻园企业会选择积极研发。基于以上分析可知，地方政府选择积极推进的概率越高，驻园企业越倾向于选择积极研发。

二、三方主体综合分析

根据以上分析，绘制零碳产业园三方主体策略选择复制动态相位图（见图 8–1）。

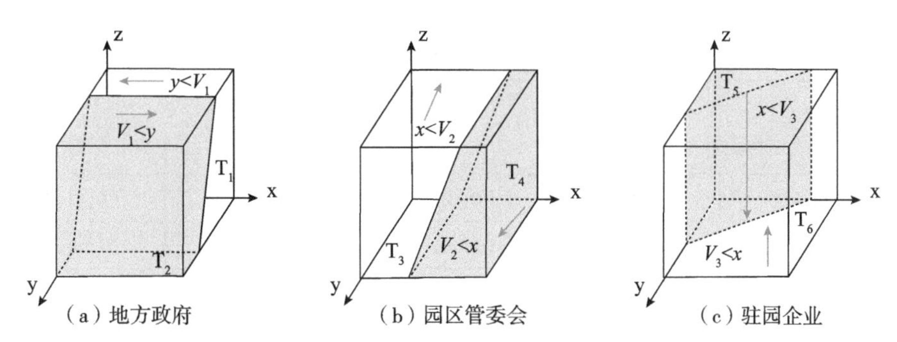

图 8–1　三方主体策略选择复制动态相位

地方政府策略演化趋势如图 8–1（a）所示，当 $y< V_1$ 时，地方政府策略初始状态处于 T_1 空间，x 趋向于 0，地方政府倾向于选择消极推进策略；当 $V_1 <y$ 时，地方政府策略初始状态处于 T_2 空间，x 趋向于 1，地方政府倾向于选择积极推进策略。

园区管委会策略演化趋势如图 8–1（b）所示，当 $x< V_2$ 时，园区管委会初始状态处于 T_3 空间,y 趋向于 0，园区管委会倾向于选择消极管理策略；当 $V_2 <x$ 时，园区管委会初始状态处于 T_4 空间，y 趋向于 1，园区管委会倾向于选择积极管理策略。

驻园企业策略演化趋势如图 8–1（c）所示，当 $x< V_3$ 时，驻园企业的初始状态处于 T_5 空间，z 趋向于 0，驻园企业倾向于选择消极研发策略；当 $V_3 <x$ 时，驻园企业初始状态处于 T_6 空间，z 趋向于 1，驻园企业倾向于选择积极研发策略。

当初始状态处于图 8–1（a）的空间 T_2、图 8–1（b）的空间 T_4 以及图 8–1（c）的空间 T_6 的交集内的空间时，三方主体的稳定策略收敛于（1，1，1），即地方政府会选择积极推进策略，园区管委会选择积极管理策略，驻园企业选择积极研发。这与中国当前的情形比较契合，零碳产业园处于试点建设阶段，地方政府居于主导地位，园区管委会及驻园企业的策略选择在很大程度上受地方政府的决策影响。

当初始状态处于图 8-1（a）的空间 T_1、图 8-1（b）的空间 T_4 以及图 8-1（c）的空间 T_6 的交集内的空间时，三方主体的稳定策略收敛于（0，1，1），即地方政府会选择消极推进策略，园区管委会选择积极管理策略，驻园企业选择积极研发。这将是中国推进产业园零碳化的努力方向，地方政府逐步退出主导地位，激发园区管委会及驻园企业自身的内在积极动力（见表 8-3）。

表 8-3　三方主体在各空间的策略选择

空间	T_3		T_4	
	T_5	T_6	T_5	T_6
T_1	（0，0，0）	（0，0，1）	（0，1，0）	（0，1，1）
T_2	（1，0，0）	（1，0，1）	（1，1，0）	（1，1，1）

三、三方主体综合稳定策略分析

令 F_1（x）= F_2（y）= F_3（z）=0，得到局部均衡点为 E_1（0,0,0）、E_2（1,0,0）、E_3（0，1，0）、E_4（0，0，1）、E_5（1，1，0）、E_6（1，0，1）、E_7（0，1，1）、E_8（1，1，1）。根据 Lyapunov 稳定性理论，当均衡点的三个雅可比矩阵的特征值全都小于 0 时，该局部均衡点即为演化稳定策略（ESS）。分别计算均衡点处的雅可比矩阵对应的三个特征值（见表 8-4）。

表 8-4　局部均衡点对应的特征值

均衡点	特征值 λ_1	特征值 λ_2	特征值 λ_3
（0，0，0）	$B-A+2C$	$2H-G+I-J+R$	$L-K+M-N+2Q$
（1，0，0）	$-(B-A+2C)$	$2H-G+I-J+R-D+E$	$L-K+M-N+2Q+F+O-P$
（0，1，0）	$B-A+2C+D-E$	$-(2H-G+I-J+R)$	$L-K+M-N+2Q$
（0，0，1）	$B-A+2C-F-O+P$	$2H-G+I-J+R$	$-(L-K+M-N+2Q)$
（1，1，0）	$-(B-A+2C+D-E)$	$-(2H-G+I-J+R-D+E)$	$L-K+M-N+2Q+F+O-P$
（1，0，1）	$-(B-A+2C-F-O+P)$	$2H-G+I-J+R-D+E$	$-(L-K+M-N+2Q+F+O-P)$
（0，1，1）	$B-A+2C+D-E-F-O+P$	$-(2H-G+I-J+R)$	$-(L-K+M-N+2Q)$
（1，1，1）	$-(B-A+2C+D-E-F-O+P)$	$-(2H-G+I-J+R-D+E)$	$-(L-K+M-N+2Q+F+O-P)$

如果地方政府积极推进时获专项资金支持后的收益与 2 倍的碳绩效及声誉收益之和，小于地方政府消极推进时的初始收益；园区管委会积极管理时收取的服务费与 2 倍的园区竞争力及声誉收益之和扣除积极管理支出后，小于园区管委会消极管理时收取的服务费扣除消极管理支出，驻园企业积极研发的生产收益与 2 倍的出售碳配额收益之和扣除积极研发的生产支出后，小于驻园企业消极研发时的生产收益扣除消极研发的生产支出，即 $B+2C<A$、$2H-J+R<G-I$、$L-N+2Q<K-M$；则 E_1（0，0，0）为三方主体的演化稳定策略。如果三方主体各自的积极策略收益大于消极策略收益，即 $B-A+2C+D-E-F-O+P>0$；$2H-G+I-J+R-D+E>0$；$L-K+M-N+2Q+F+O-P>0$；那么 E_8（1，1，1）为三方主体的演化稳定策略。如果想要达到 E_7（0，1，1）的演化稳定状态，需要满足的条件为：① $B+2C-E-F+P<A-D+O$，即地方政府的消极推进策略收益大于积极推进策略收益；② $2H-J+R>G-I$，园区管委会的积极管理策略收益大于消极管理策略收益；③ $L-N+2Q>K-M$，驻园企业的积极研发策略收益大于消极研发策略收益。

第四节　利益主体行为数值仿真与分析

运用 Matlab 对零碳产业园三方主体的策略演化进行数值实验模拟分析，进一步分析各因素对博弈系统的具体影响机制。在前述 E_8（1，1，1）为演化稳定策略的约束条件下，考虑政府相关政策、园区管委会财务报表、驻园企业生产收益、碳交易价格等实际情形，设置参数初始值如下：$x=y=z=0.1$，$C=H=1$，$Q=2$，$A=15$，$B=25$，$D=6$，$E=10$，$F=5$，$R=11$，$G=8$，$I=6$，$J=8$，$K=45$，$L=50$，$M=10$，$N=15$，$O=10$，$P=8$。

一、延迟决策的影响

现实中会存在信息传输延迟、反馈回路延迟等情形；地方政府、园区管委会和驻园企业作为有限理性主体，在做下阶段的决策时可能不仅考虑本期收益，而是要综合考虑往期的收益情况。为了考虑延迟决策，引入一个延迟参数，表示决策延迟的时间步数。因此将式（8–1）、式（8–2）和式（8–3）改写为如下的延迟动态方程形式：

$$F(x)=x(t)(1-x(t))(B-A+2C+Dy(t-\tau)-Ey(t-\tau)-$$

$$Fz(t-\tau)-Oz(t-\tau)+Pz(t-\tau)) \quad (8-4)$$

$$F(y)=y(t)(1-y(t))(2H-G+I-J+R-Dx(t-\tau)+Ex(t-\tau)) \quad (8-5)$$

$$F(z)=z(t)(1-z(t))(L-K+M-N+2Q+Fx(t-\tau)+Ox(t-\tau)-Px(t-\tau)) \quad (8-6)$$

其中，$x(t)$、$y(t)$ 和 $z(t)$ 分别表示 x、y 和 z 在时间 t 的策略值，τ 表示决策延迟的时间步数。在初始参数值相同的情形下，三方主体的当期决策演化路径以及考虑延迟决策 10 步的演化路径（见图 8-2）。

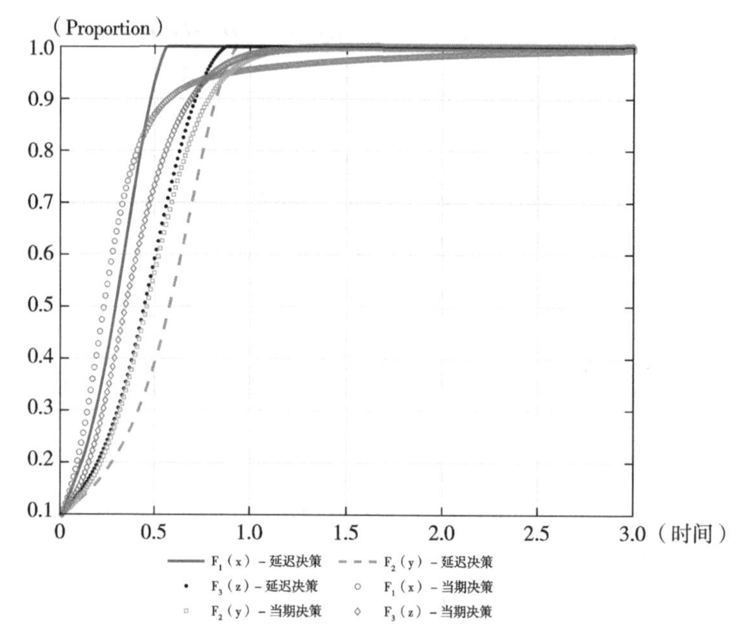

图 8-2　延迟决策的三方主体演化路径

由图 8-2 可知，考虑延迟决策后，三方主体初始阶段选择“积极策略”的速度相对较慢，经过一段时间后，三方主体选择“积极策略”的速度相对较快；当期决策的演化情形与考虑延迟决策刚好相反。这说明在零碳产业园试点建设阶段，三方主体会有一定程度的迟疑，在经过尝试后，三方主体获得收益反馈，“政企园”三方协同建设零碳产业园机制会逐步形成，后期零碳产业园的建设效率会提高。

二、随机扰动的影响

在零碳产业园建设过程中，气候变化、政策变动等不确定因素会导致三方主体策略选择的损益变量发生变化，进而影响各主体的策略选择。因此将式（8-1）至式（8-3）改写为如下的随机微分方程形式：

$$dx_t=x_t(1-x_t)(B-A+2C+Dy-Ey_t-Fz_t-Oz_t+Pz_t)dt+\sigma_1 dW_t^1 \quad (8-7)$$

$$dy_t=y_t(1-y_t)(2H-G+I-J+R-Dx_t+Ex_t)dt+\sigma_2 dW_t^2 \quad (8-8)$$

$$dz_t=z_t(1-z_t)(L-K+M-N+2Q+Fx_t+Ox_t-Px_t)dt+\sigma_3 dW_t^3 \quad (8-9)$$

其中，x_t、y_t 和 z_t 表示随机过程，σ_1、σ_2 和 σ_3 表示扩散系数，dW_t^1、dW_t^2 和 dW_t^3 表示独立的布朗运动，式（8-7）至式（8-9）构成了随机演化系统。在初始参数值相同的情形下，三方主体的确定演化路径以及考虑随机扰动的演化路径（见图 8-3）[①]。

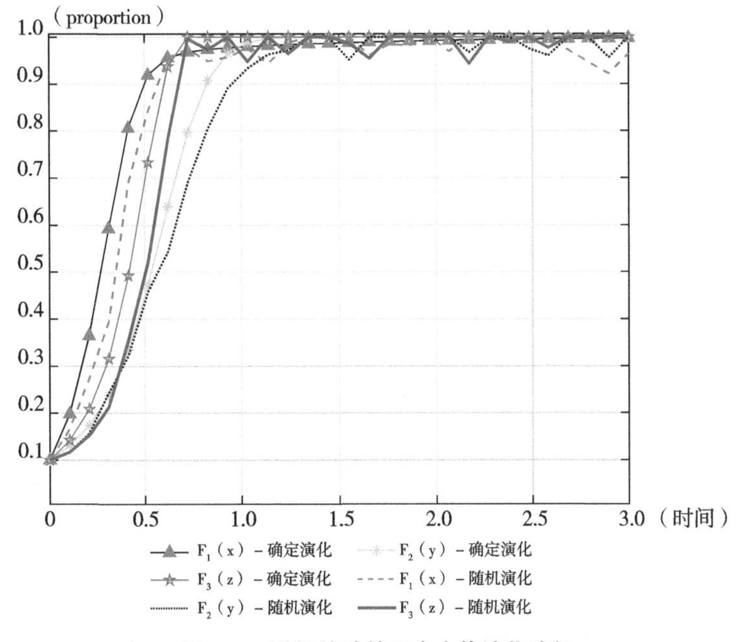

图 8-3　随机扰动的三方主体演化路径

由图 8-3 可知，当不考虑随机干扰因素时，三方主体将平滑地向积极推进、积极管理、积极研发策略集演化。相较于确定演化，在考虑随机干扰后，三方主体向“积极策略”演化的时间会延迟，即便演化至“积极策略”，三方主体的策略选择仍不稳定。这表明在推进产业园零碳化过程中，不确定性外在因素会对三方主体采取“积极策略”产生阻碍。

① 考虑随机扰动因素后，相同参数值，每次所作演化路径图均各不相同。

三、初始概率的影响

初始概率反映了各主体选择不同策略的初始意愿，即是否愿意采取“积极策略”来协同推进零碳产业园的建设。基于随机演化系统，在其他初始参数值相同的情形下，$x=y=z=0.1$ 时的演化路径以及 $x=y=z=0.7$ 时的演化路径（见图 8-4）。

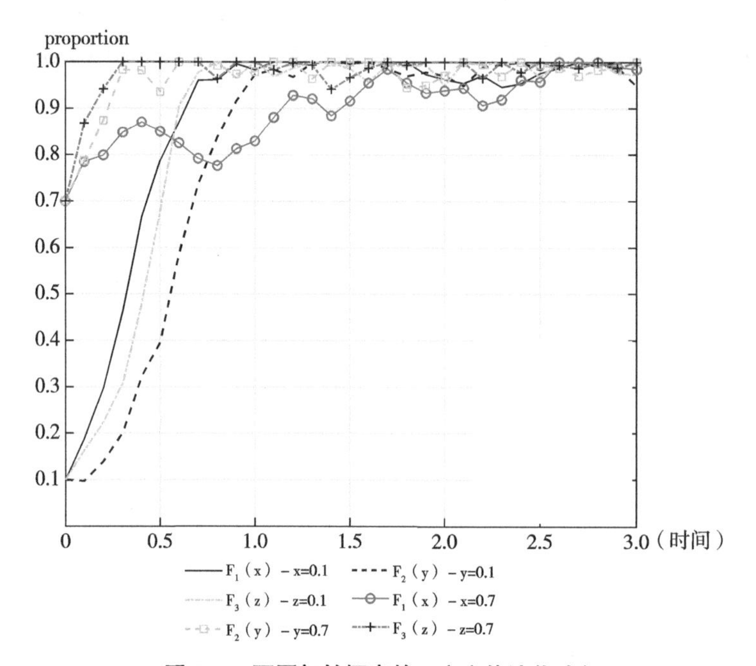

图 8-4　不同初始概率的三方主体演化路径

由图 8-4 可知，随着三方主体初始概率的提高，园区管委会和驻园企业采取“积极策略”的速度越快，但地方政府采取积极推进策略的速度变慢，且地方政府的波动更显著。其原因可能在于，三方主体均采取“积极策略”时，地方政府对于园区管委会和驻园企业的财税支持面临较大压力。这说明地方政府是促进产业园零碳化的关键主体，地方政府采取积极推进策略，将会极大地推动政企园协同建设零碳产业园机制的形成。

四、碳绩效考核及碳交易的影响

在“双碳”目标下，碳绩效的政府考核机制以及碳交易的市场调节机制，会影响三方主体的策略选择。基于随机演化系统，在其他初始参数值相同、碳绩效考核及碳交易水准由低到高的情形下，C=1，H=1，Q=2 时的演化路径以及 C=4、H=4、Q=5 时的演化路径（见图 8-5）。

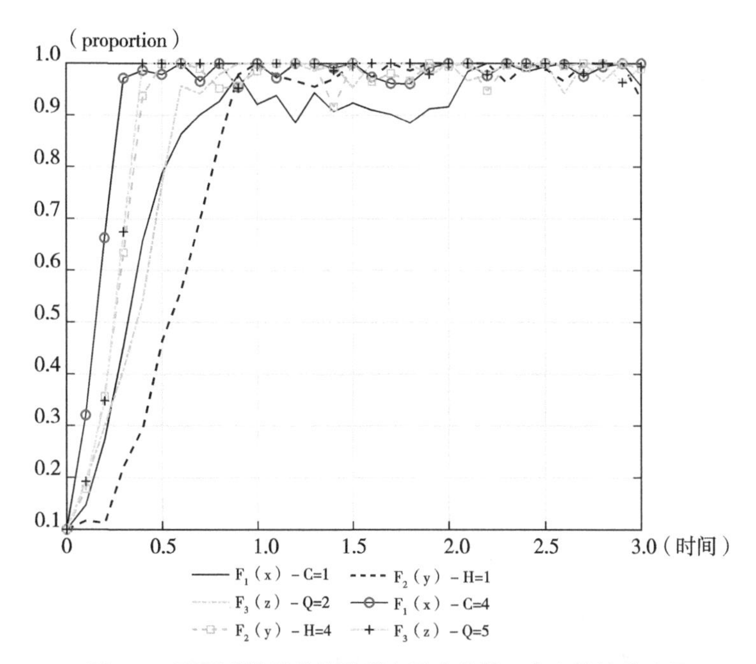

图 8-5　不同碳绩效考核及碳交易水准的三方主体演化路径

由图 8-5 可知，随着碳绩效考核及碳交易水准的提高，三方主体采取“积极策略”的速度均加快，且地方政府的波动明显减小。其原因在于，碳绩效考核及碳交易水准提高后，三方主体采取“积极策略”可以获得更多收益，三方主体采取“消极策略”会面临更多损失。这表明推行碳绩效考核及碳交易，可以对三方主体起到正向激励、反向鞭策的作用。

五、地方政府财税支持力度的影响

地方政府采取积极推进策略时，对园区管委会积极管理增加经费拨付、对驻园企业积极研发减少税款征收。基于随机演化系统，在其他初始参数值相同、地方政府积极推进时财税支持力度加大的情形下，当 E=10、P=8 时的演化路径以及当 E=11、P=7 时的演化路径（见图 8-6）。

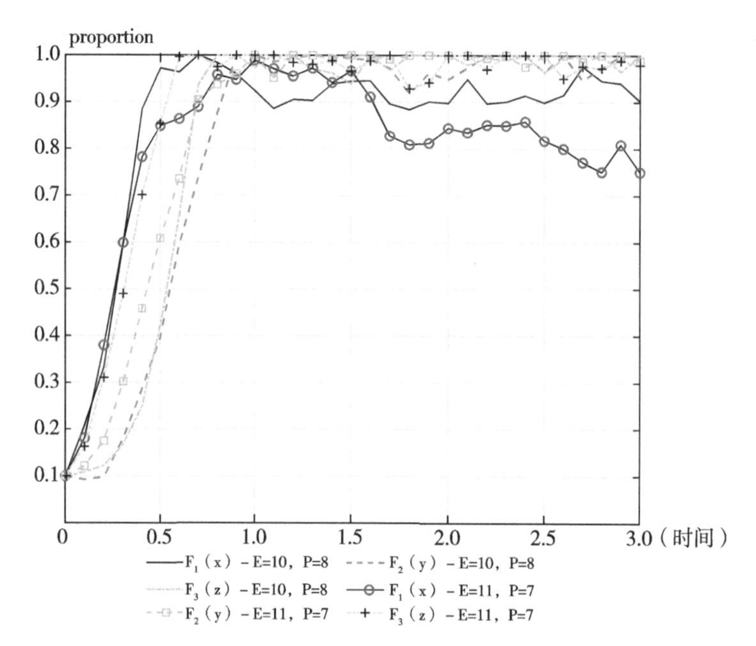

图 8-6　不同财税支持力度的三方主体演化路径

由图 8-6 可知，地方政府加大财税支持力度后，其采取积极推进策略的速度会变慢，且在采取积极策略后出现波动下降趋势；但园区管委会和驻园企业采取“积极策略”的速度加快，且两者的波动幅度减小。其原因在于加大财税支持力度，加重了地方政府的负担，同时减轻了园区管委会和驻园企业的压力。这表明加大财税支持力度有利于提高园区管委会和驻园企业采取“积极策略”的意愿，但会降低地方政府的意愿。

第五节　利益主体行为策略启示

基于演化博弈理论，构建了由地方政府、园区管委会和驻园企业组成的演化博弈模型；分析了“政企园”协同建设零碳产业园机制的最优策略选择的稳定性以及三方主体的相互依赖关系；并通过数值仿真研究随机扰动、延迟决策以及相关参数变动对系统演化的影响；以期能够揭示当前零碳产业园建设进展缓慢，实践中相关利益方相互掣肘的问题。研究得到以下四个结论及启示：

（1）通过对三方主体的稳定策略分析可知，地方政府选择积极推进的概率越高，园区管委会和驻园企业选择“积极策略”的概率就越高；园区管委会和驻园企业选择“积极策略”的概率提高后，地方政府选择积极推进的概率也会提高。三方主体的演化稳定策略集取决于各自“积极策略”与“消极策略”的相对收益大小。因此，地方政府应建立起与园区管委会和驻园企业之间的良好沟通机制、联合发展的机制，包括定期召开会议、建立联络人员等方式，以便及时了解各方的需求和意见，为政策制定提供有效参考，促进零碳产业园内部的协同发展和资源共享。

（2）通过对延迟决策及随机扰动的分析可知：当前零碳产业园的试点建设进展较慢，三方主体还在保持“观望”态度，这可能是由于三方主体采取“积极策略”的收益滞后所导致的。零碳产业园建设过程中，气候变化、信息交互不及时等不确定性因素会导致三方主体选择“积极策略”的概率时高时低。因此，三方主体可以设定明确的决策时间表和里程碑，明确各方的责任和任务，建立风险管理机制，定期对项目进展进行评估与反馈，了解当前的困难和问题，并及时调整相关策略和措施。

（3）在随机干扰下，三方主体较高的初始“积极策略”选择概率将使园区管委会和驻园企业的策略选择快速达到稳定，但地方政府的策略选择波动较大，达到稳定状态的时间较晚，地方政府是推动政企园协同建设零碳产业园机制形成的关键主体。因此，地方政府应该制定并落实稳定的政策环境，避免频繁调整政策导致的不确定性和波动，提高决策效率，尽快确定零碳产业园建设的发展方向和政策支持。

（4）在随机干扰下，随着碳绩效考核及碳交易水准的提高，三方主体采取“积极策略”的速度加快；随着财税支持力度加大，园区管委会和驻园企业选择“积极策略”的速度加快，但地方政府会由于负担过重而逐渐选择消极推进；这均表明三方主体的“积极策略”选择概率与获得的收益呈正相关，与付出的成本负相关。因此，需要进一步完善碳排放的衡量指标体系，建立相应的奖惩机制，必要时引入第三方评估机构进行独立评估；优化财税支持政策，加强财政预算和管理，建立合理的利益平衡机制，鼓励驻园企业和园区管委会进行创新和效率提升，实现三方主体的共赢。

第九章

青海省实现碳达峰碳中和的时间节点和演化趋势

本章在测算碳排放量并识别其驱动因素的基础上，从基准情景、绿色发展情景和技术突破情景三种情形出发，根据规划情景的参数设定，使用 Matlab2018b 软件对各变量进行 10 万次模拟，预测和分析青海省实现碳达峰碳中和的时间节点和演化趋势。同时对全省及各市（州）固碳量进行测算，在此基础上绘制青海省碳达峰碳中和路线图。

第一节　青海省碳达峰演化趋势

由第四章因素分解结果可知，青海省碳排放的主要促增因素是产出规模（X_3），主要促降因素是产出碳强度（X_4）。而投资效率（X_7）和能源强度（X_8）具有较大的减排潜力，投资规模（X_1）和能耗碳强度（X_6）的具有其次的减排潜力。因此，后续节能减排政策的制定应该围绕投资规模、投资效率、能源强度和能耗碳强度展开。在情景分析中，将二氧化碳排放量、投资规模、投资效率、能耗强度和能耗碳强度的年均变化率分别设定为 ω、α、β、δ 和 Υ。根据上述分析，可以构建以下方程：

$$E_{co_2} = GDP \cdot \frac{E_{co_2}}{GDP} = FI \cdot \frac{GDP}{FI} \cdot \frac{TEC}{GDP} \cdot \frac{E_{CO_2}}{TEC} \tag{9-1}$$

$$Y_{t+1} = (1+\alpha)X_1 \times (1+\beta)X_8 \times (1+\delta)X_7 \times (1+\gamma)X_6 \tag{9-2}$$

$$\omega = (1+\alpha)\times(1+\beta)\times(1+\delta)\times(1+\gamma)-1 \tag{9-3}$$

《2020年青海省经济和社会发展统计公报》显示，2020年青海省全年地区生产总值（*GDP*）和固定资产投资（*FI*）比2019年分别增长了1.50%和–12.20%，由此计算投资效率变化率为15.60%。“十三五”时期青海省单位*GDP*能耗累计降低24.00%，比2019年累计增长率降低了–1.8%，采用插值法估计得出2020年能耗碳强度增长率为–8.93%。以2020年为基准年，设计了三种不同减排情景。

一、基准情景

基准情景是指不采取任何改进措施，继续按照以往的减排力度来规划当期及未来经济活动的发展状态。这一情景下因素变化率的设定根据前20年增长情况推算得出，以五年为一个变化周期，将各因素年均变化率的最大值和最小值分别设置为基准情景下因素的最大值和最小值，中间值则采用最接近当期的变化率进行设定（见表9–1）。

表9–1　基准情景下各因素的潜在年均变化率

单位：%

变量	2020年年值	2021~2025年			2026~2030年			2031~2035年			2036~2040年		
		最小值	中间值	最大值	最小值	中间值	最大值	最小值	中间值	最大值	最小值	中间值	最大值
FI	–12.20	1.86	2.08	4.36	1.86	3.12	7.00	1.86	3.12	8.00	3.12	7.00	8.00
GDP/FI	15.60	3.94	7.52	9.17	–1.40	3.94	8.38	–1.40	–1.39	8.38	–1.40	–1.39	3.94
TEC/GDP	–1.80	–6.00	–2.76	3.95	–6.00	–2.76	–2.17	–6.00	–2.29	2.17	–6.00	–2.70	–2.70
ECO_2/TEC	–8.93	–6.96	–2.54	4.16	–6.96	–2.29	4.16	–6.96	–2.29	4.16	–6.96	–2.29	–2.29

资料来源：笔者根据《青海省经济和社会发展统计公报》及青海省“十三五”规划完成情况设定得出。

二、绿色发展情景

绿色发展情景是指青海省在资源节约、清洁生产与消费及循环经济等方面取得显著成效，工业节能加快推进，绿色产业迅速崛起，绿色发展成为全社会普遍共识的发展状态。《青海省经济和社会发展“十四五”规划》（以下简称青海省“十四五”规划）预计GDP年均增长5.50%，固定资产增幅为6%，但考虑到后疫情时代经济可能有所反弹，因此设定2021~2025年投资规模年均变化率为7%。据此计算得出2021~2025年投资效率年均增长率的中间值为–1.40%。考虑到投资效益显现的较长周期以及西部大开发和“双循环”的纵深发展，青海省投资增长率会呈现先急后缓的变化，因此将2026~2030年、2031~2035年和2036~2040年投资增长率的中间值分别设定为8%、7%和6%。

鉴于青海省“十二五”“十三五”“十四五”时期GDP实际增长率比规划目标高0.30%的实际情况，因此设定2021~2025年GDP的年均增长率为5.90%。综合考虑青海省的经济发展趋势和劳动就业情况，全省GDP将会有小幅增长再趋于平缓，按照这一变化趋势，可以设定青海省“十五五”、“十六五”和“十七五”时期的GDP年均增长率分别为6.50%、6.00%和5.50%。由此计算出2021~2025年、2026~2030年、2031~2035年和2036~2040年投资效率的中间值分别为–1.03%、–1.39%、–0.93%和–0.47%。

青海省“十四五”规划中2021~2025年青海省单位GDP能耗目标是五年累计下降了13.5%，比青海省“十三五”时期预期减少3.5%，由此推算出青海省能源强度的年均变化率为–2.7%。随着绿色转型发展的推进，能源强度将会持续降低，因此设定青海省“十五五”“十六五”“十七五”时期能源强度的降幅分别为3.00%、2.50%和2.50%。

《青海省建设国家清洁能源示范省工作方案（2018–2020年）》中提出，争取到2025年在部分重点行业、领域、地区实现全年100%清洁电力供应的目标。由于工业是青海省碳排放最主要的能源消费部门，因此可以采用工业能耗碳排放情况预估社会整体的能耗碳排放。本书设定青海省“十四五”“十五五”“十六五”“十七五”时期煤炭消费碳排放较2019年分别下降30%、30%、20%和20%，由此可计算得到四个阶段的能耗碳强度年均增长率分别为–2.29%、–2.29%、–1.53%和–1.53%。

邵帅等（2017）在中国制造业碳排放达峰路径的模拟分析中，将投资规模、投资效率、能源强度和能耗碳强度的年均变化率分别上下调整1%、1%、0.4%和0.2%得到绿色情景下相应因素变化率的最大值和最小值。考虑到青海省碳排放演变受工业影响较大，与制造业情况大体一致。因此，借鉴邵帅等的做法计算得到相应因素的最大值和最小值（见表9–2）。

三、技术突破情景

技术突破情景是指科技创新投入充足，节能减排技术得到全面应用，经济实现高质量发展的状态。在这一情景下，能源结构迅速调整，终端消费中清洁能源消费占比大幅提升。由于技术投入对碳排放的影响需要较长的一段时间才能显现，假设现阶段的技术投入需要在“十五五”时期才能发挥作用，故2021~2025

表 9-2　绿色发展情景下各因素的潜在年均变化

单位：%

变量	2020年年值	2021~2025年			2026~2030年			2031~2035年			2036~2040年		
		最小值	中间值	最大值	最小值	中间值	最大值	最小值	中间值	最大值	最小值	中间值	最大值
FI	-12.20	6.00	7.00	8.00	7.00	8.00	9.00	6.00	7.00	8.00	5.00	6.00	7.00
GDP/FI	15.60	-2.40	-1.40	-0.40	-2.39	-1.39	-0.39	-1.93	-0.93	0.07	-1.47	-0.47	0.53
TEC/GDP	-1.80	-3.10	-2.70	-2.30	-3.70	-3.30	-2.90	-4.20	-3.80	-3.40	-4.20	-3.80	-3.40
ECO_2/TEC	-8.93	-2.49	-2.29	-2.09	-2.49	-2.29	-2.09	-1.73	-1.53	-1.33	-1.73	-1.53	-1.33

资料来源：笔者根据《青海省经济和社会发展"十四五"规划》《青海省建设国家清洁能源示范省工作方案（2018-2020年）》等文件设定得出。

年的因素变化率参照同期绿色发展情景的情况来设定。由于生态环境的制约，青海省的投资规模不可能无限增长，因此投资由传统领域转向高新技术领域，短期内的产出将会减少，投资效率下降，故设定青海省"十五五""十六五""十七五"时期的投资效率增长率分别较绿色发展情景下降1个百分点。同样，节能减排技术的投入必然会带来能耗强度的下降，产出将逐渐摆脱能源依赖，因此设定青海省"十五五""十六五""十七五"时期的能源强度较绿色发展情景下降1个百分点。绿色发展阶段实现了工业无煤化，在技术突破情景则能够进一步实现全社会的无煤化，参照绿色情景的算法，技术突破情景下四个阶段的能耗碳强度分别为-2.29%、-4.44%、-3.68%和-4.40%。各因素最大值最小值的设定方法和绿色发展情景相同（见表9-3）。

表 9-3　技术突破情景下各因素的潜在年均变化率

单位：%

变量	2020年年值	2021~2025年			2026~2030年			2031~2035年			2036~2040年		
		最小值	中间值	最大值	最小值	中间值	最大值	最小值	中间值	最大值	最小值	中间值	最大值
FI	-12.20	6.00	7.00	8.00	7.00	8.00	9.00	6.00	7.00	8.00	5.00	6.00	7.00
GDP/FI	15.60	-2.03	-1.03	-0.03	-3.39	-2.39	-1.39	-2.93	-1.93	-0.93	-2.47	-1.47	-0.47
TEC/GDP	-1.80	-3.10	-2.70	-2.30	-4.70	-4.30	-3.90	-5.20	-4.80	-4.40	-5.20	-4.80	-4.40
ECO_2/TEC	-8.93	-2.49	-2.29	-2.09	-4.64	-4.44	-4.24	-3.88	-3.68	-3.48	-4.60	-4.40	-4.20

注：笔者以绿色发展情景为基础，根据对未来发展趋势的判断预测得。

第二节　青海省固碳情况

从 MODIS17A3H 数据产品中提取出青海区域 NPP 数据，再结合式（2–25）计算得到青海省市州层面的固碳量，绘制青海省各市（州）主要年份 NPP 分布情况（见表 9–4）和 2000~2020 年青海省固碳量演变趋势图（见图 9–1）。

表 9–4　青海省各市（州）主要年份 NPP 均值与总量变化情况

市州			西宁	海东	海北	黄南	海南	果洛	玉树	海西
2000 年	均值	$gC \cdot m^2 \cdot a^{-1}$	285.40	251.32	221.74	283.18	179.75	173.13	107.38	73.01
	排名	/	1	3	4	2	5	6	7	8
	总值	$10^6 t \cdot C$	8.25	12.90	28.54	20.40	29.25	50.25	80.25	35.23
	排名	/	8	7	5	6	4	2	1	3
2010 年	均值	$gC \cdot m^2 \cdot a^{-1}$	352.98	344.58	258.89	350.75	255.11	215.61	130.79	99.53
	排名	/	1	3	4	2	5	6	7	8
	总值	$10^6 t \cdot C$	10.21	17.69	33.32	25.27	41.51	62.58	97.75	48.03
	排名	/	8	7	5	6	4	2	1	3
2020 年	均值	$gC \cdot m^2 \cdot a^{-1}$	353.84	368.43	238.83	338.37	256.48	201.07	126.96	96.67
	排名	/	2	1	5	3	4	6	7	8
	总值	$10^6 t \cdot C$	10.23	18.91	30.74	24.38	41.73	58.36	94.89	46.65
	排名	/	8	7	5	6	4	2	1	3
年均	均值	$gC \cdot m^2 \cdot a^{-1}$	337.74	333.22	235.27	324.73	227.78	188.61	112.97	84.64
	排名	/	1	2	4	3	5	6	7	8
	总值	$10^6 t \cdot C$	9.77	17.11	30.28	23.40	37.06	54.75	84.43	40.84
	排名	/	8	7	5	6	4	2	1	3
面积		$10^4 km^2$	0.72	1.28	3.22	1.80	4.07	7.26	18.68	12.06

资料来源：笔者从 MODIS17A3H 卫星数据中提取并计算汇总得到。

青海省各市（州）净初级生产力在 2000 年、2010 年和 2020 变化并不明显。青海省地形整体上西高东低，受横断山脉阻挡，区域内大部分地区均属于温带大陆性气候，全年降水较少。受地形和气候因素影响，青海省 NPP 整体上呈现出东南向西北递减的趋势。水热条件会影响区域的植被覆盖情况，进而对固碳量产生重要影响。海东、西宁和黄南的年均气温较高，果洛、黄南和玉树的降水较充沛，青海东部地区的水热条件明显优于西部。

通过表 9-4 对比发现，2000~2020 年 NPP 均值排名靠前的三个市州有西宁、海东和黄南。与 2000 年相比，2020 年西宁、海北、黄南的年均 NPP 排名下降，海东和海南排名得到了提升。受占地面积的影响，各市（州）NPP 总量排名前三的市州是玉树、果洛和海西。值得注意的是，虽然海西的土地面积在青海省各市（州）中位列第一，但海西州柴达木盆地附近大部分面积属于荒地和沙漠，因而 NPP 总量相对较低。

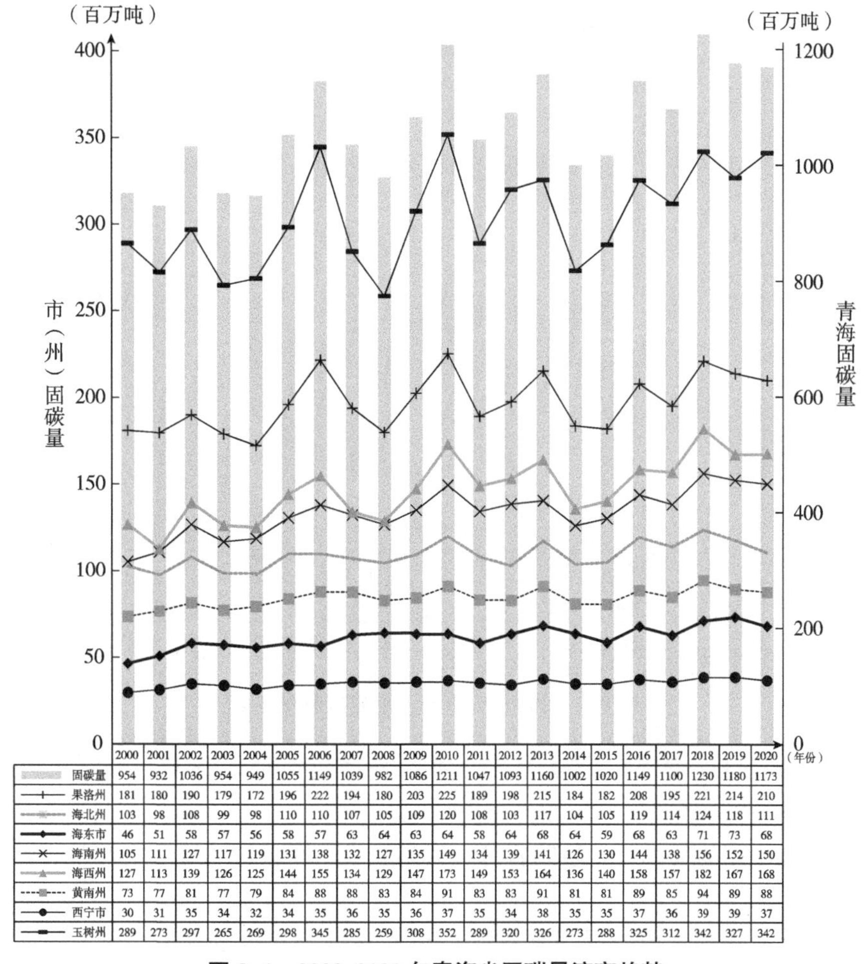

	2000	2001	2002	2003	2004	2005	2006	2007	2008	2009	2010	2011	2012	2013	2014	2015	2016	2017	2018	2019	2020
固碳量	954	932	1036	954	949	1055	1149	1039	982	1086	1211	1047	1093	1160	1002	1020	1149	1100	1230	1180	1173
果洛州	181	180	190	179	172	196	222	194	180	203	225	189	198	215	184	182	208	195	221	214	210
海北州	103	98	108	99	98	110	110	107	105	109	120	108	103	117	104	105	119	114	124	118	111
海东市	46	51	58	57	56	58	57	63	64	63	64	58	64	68	64	59	68	63	71	73	68
海南州	105	111	127	117	119	131	138	132	127	135	149	134	139	141	126	130	144	138	156	152	150
海西州	127	113	139	126	125	144	155	134	129	147	173	149	153	164	136	140	158	157	182	167	168
黄南州	73	77	81	77	79	84	88	88	83	84	91	83	83	91	81	81	89	85	94	89	88
西宁市	30	31	35	34	32	34	35	36	35	36	37	35	34	38	35	35	37	36	39	39	37
玉树州	289	273	297	265	269	298	345	285	259	308	352	289	320	326	273	288	325	312	342	327	342

图 9-1　2000~2020 年青海省固碳量演变趋势

资料来源：MODIS17A3H 产品 NPP 数据集，由笔者通过裁剪和提取得到。

由图 9–1 可以看出，相较碳排放的增长变动而言，青海省的固碳量年际间波动幅度较小但却更加频繁。从各市（州）间固碳量存在明显的差异，固碳量排名前三的市州为玉树、果洛和海西，西宁的总固碳量最少。玉树、果洛和海西等高固碳区域增长波动较大，西宁、海东等低固碳区域的固碳量基本保持不变，固碳能力变化在生态脆弱地区更加敏感。总体来看，虽然青海省的固碳总量变化较小，但仍然存在一定的上升趋势，全省年均增长率为 1.1%，表明了生态恢复是个极其缓慢的过程。

第三节　青海省碳收支情况对比

根据以上计算结果，绘制青海省碳收支变化图（见图 9–2）。

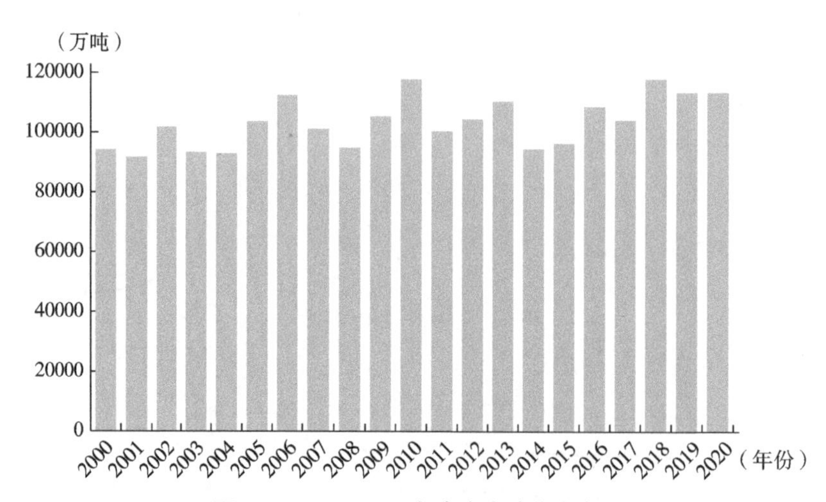

图 9–2　2000~2020 年青海省碳收支变化

由图 9–2 可以发现，2000~2020 年青海省碳收支平均值为 103455 万吨，年均增速为 0.93%，碳收支状况整体较为稳定。

在以上计算的基础上，绘制青海省碳排放量、固碳量与地区生产总值累计增速对比图（见图 9–3）。

比较青海省碳排放量、固碳量和 GDP 总量的增速可以发现，三者总体均呈现上升趋势，碳排放与 GDP 增长快速，固碳量增长相对平稳。2008 年以前，碳排放增速高于 GDP 增速，经济呈现粗放式发展状态；2008~2016 年，经济增速逐渐超越了碳排放增速，碳排放效率得到改善；2016 年以后，青海省产业低碳化、能源绿色化转型成果显著，碳排放开始与经济增长脱钩。值得关注的是，虽然固碳量年均增速仅为碳排放量增速的 0.14 倍，但在总量上却远超过碳排放，是年均碳排放量的 2902.65 倍。

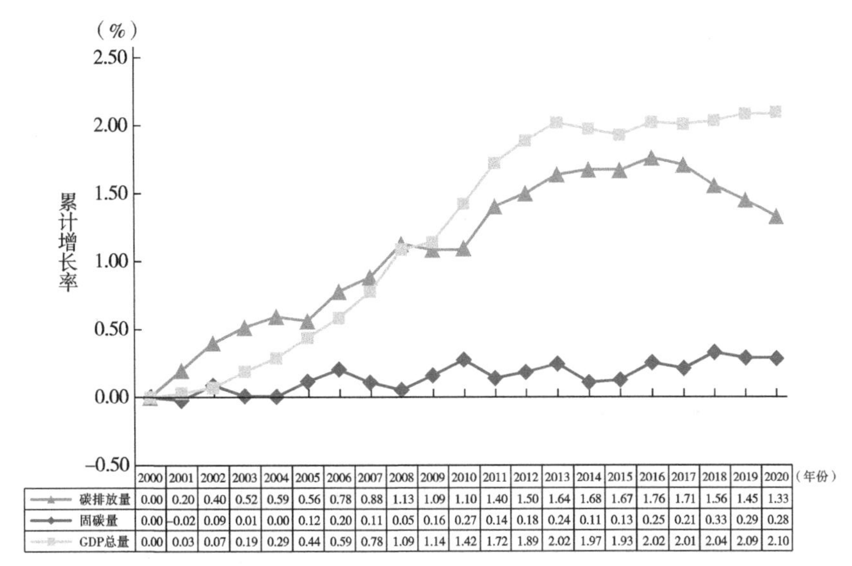

	2000	2001	2002	2003	2004	2005	2006	2007	2008	2009	2010	2011	2012	2013	2014	2015	2016	2017	2018	2019	2020
碳排放量	0.00	0.20	0.40	0.52	0.59	0.56	0.78	0.88	1.13	1.09	1.10	1.40	1.50	1.64	1.68	1.67	1.76	1.71	1.56	1.45	1.33
固碳量	0.00	–0.02	0.09	0.01	0.00	0.12	0.20	0.11	0.05	0.16	0.27	0.14	0.18	0.24	0.11	0.13	0.25	0.21	0.33	0.29	0.28
GDP总量	0.00	0.03	0.07	0.19	0.29	0.44	0.59	0.78	1.09	1.14	1.42	1.72	1.89	2.02	1.97	1.93	2.02	2.01	2.04	2.09	2.10

图 9–3　青海省碳排放量、固碳量与地区生产总值累计增速对比

注：图中数据由笔者计算所得。

第四节　青海省碳达峰碳中和路线图

根据上述规划情景的参数设定，使用 Matlab2018b 软件对各变量进行了 10 万次模拟，预测得到青海省未来 20 年内碳排放的分布演化趋势（见图 9–4）。

由图 9–4 可以看出，基准情景下青海省碳排放量到 2035 年将达到 6786 万吨峰值，比 2016 年高出 318 万吨。在绿色发展情景下，碳排放将于 2030 年达到 4354 万吨的次高峰值，比 2016 年峰值减少 2114 万吨。在技术突破情景下，碳排放将于 2025 年达到 4085 万吨的次高峰值，比 2016 年的峰值减少 2383 万吨。

在全国“双循环”发展新格局以及“科学有序推进碳达峰碳中和”的政策背景下，根据青海省碳排放和碳汇量，综合考虑碳排放的影响因素及碳汇的驱动因素，青海省碳脱钩水平、零碳能源生产能力的变动特征，以及青海省产业结构转型、新质生产力发展的发展趋势，采取支持向量机（SVM）方法，对青海碳中和的时间节点进行预测，绘制青海省碳中和演化示意图（见图 9–5）。

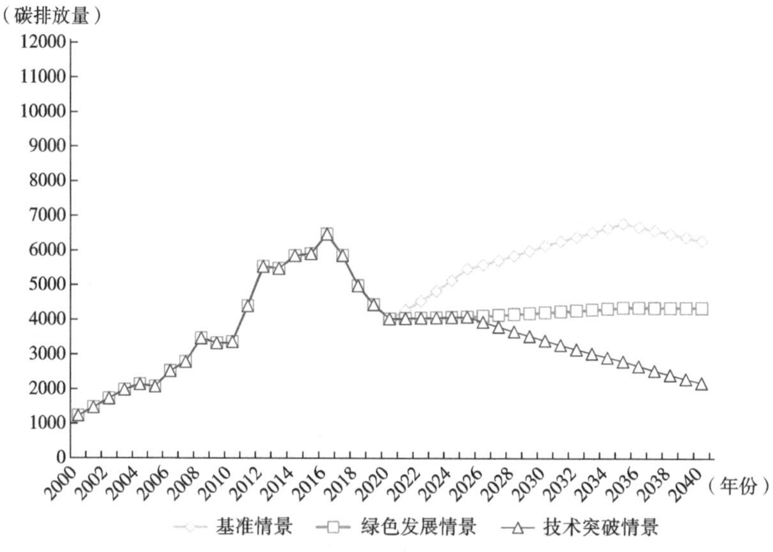

图 9–4　各情景下青海省碳排放分布演化趋势

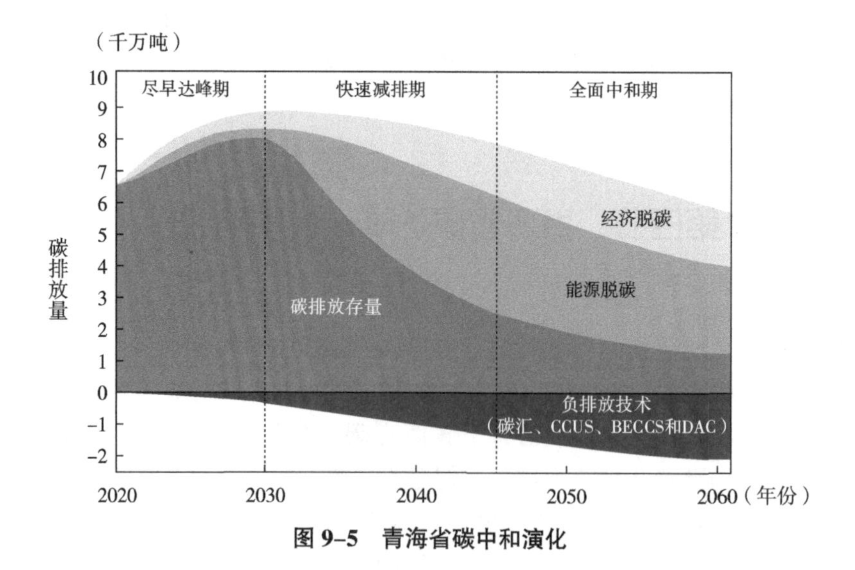

图 9–5　青海省碳中和演化

由图 9–5 可知，整体上，青海省碳中和大致分为三个阶段：尽早达峰期（2030 年前）、快速减排期（2031~2050 年）和全面中和期（2051~2060 年）。这三个期间不是固定的，可能因为绿色发展和技术突破而提前，也可能因为产业转型困难、能源结构固化而后延。青海省实现碳中和的主要路径有以下三个：①经济脱碳，即通过产业结构转型，经济发展逐步实现与经济发展的完全脱钩；②能源脱碳，即清洁能源逐步取代传统化石能源，最终实现能源消费零碳化；③负排放技术，包括碳汇、CCUS（碳捕集、利用和封存）、BECCS（生物能源与碳捕获和储存）和 DAC（直接空气捕获）。其中，经济脱碳是主要着力点，能源脱碳是主要支撑点，负排放技术是有益补充。

第十章

青海省科学有序推进碳达峰碳中和的应对策略

采取科学应对策略是青海省科学有序推进碳达峰碳中和的关键。从整体上来看，青海省正处于现代化建设发展新阶段，在习近平生态文明思想的指导下，面临"双循环"新格局等重大机遇，同时面临着碳中和时间紧迫、任务重大、生态保护和共同富裕协调推进压力较大的现实挑战；此外，青海省具有碳汇储量较大、清洁能源占比较高等优势，以及低碳产业支撑不足、价值实现机制不全等劣势。为此，本章在梳理青海省推进碳达峰碳中和的内部优势和劣势、外部机遇和威胁的基础上，借助 SWOT—AHP 模型，构建战略四边形雷达图，分析青海省科学有序推进碳达峰碳中和可行性，并提出科学的应对策略。

第一节　青海省科学有序推进碳达峰碳中和的内部优势

一、近年来青海省碳排放量呈下降趋势

从青海省经济发展能耗与碳排放情况（见表 4-1）可以看出，2000~2020 年青海省经济呈持续增长态势，青海省二氧化碳排放总量呈现先升后降的趋势，2000~2020 年，青海省碳排放量呈倒"U"形的演化趋势，2016 年达到峰值（6174.54 万吨）后开始逐年下降，至 2020 年已降至 3891.46 万吨。同时能源消耗与碳排放呈现明显的脱钩趋势。青海省碳排放量较早达到峰值并持续下降，为青海省科学有序推进碳达峰碳中和奠定了坚实基础。

二、青海省碳汇储量较大

青海省生态固碳增汇潜力巨大。2012 年以来，三江源区水源涵养量年均增幅 6% 以上，青海省草地覆盖率、产草量分别提高 11%、30% 以上。植被碳库占比排在全国前列，湿地生态系统固碳总量全国第一。青海省的固碳量从 2000 年的 95400 万吨上升至 2020 年的 117300 万吨（见图 9-2），是青海省科学有序推进碳达峰碳中和的显著优势。青海省碳汇储量较大，一方面为青海省经济社会发展碳排放创造了条件，另一方面也为其他省份的碳吸收作出了贡献。

三、青海省清洁能源占比较高

风能资源和太阳能资源分别占全国储量的 94% 和 11%，光热资源和水电资源理论蕴藏量分别居全国第二位和第五位，清洁电力消纳占比达 81%，远高于全国平均水平。截至 2020 年底，青海省电力装机达 4030 万千瓦，其中，清洁能源装机 3637 万千瓦（水电 1193 万千瓦，光伏发电 1580 万千瓦，风电 843 万千瓦，光热发电 21 万千瓦），占比为 90.2%。火电 393 万千瓦，占比 9.8%。2020 年青海省总发电量 952.00 亿千瓦·时，其中清洁能源发电 847.40 亿千瓦·时，占比 89.01%；电火力发电 104.54 亿千瓦·时，占比 10.91%（见图 10-1）。

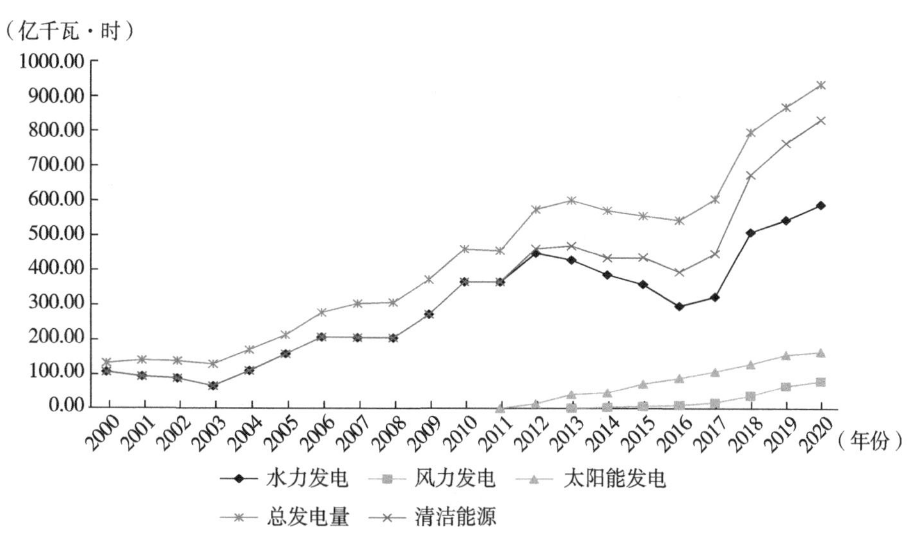

图 10-1　2000~2020 年青海省发电量构成及演化趋势

四、全省绿色低碳产业转型取得积极成效

青海省聚力推动产业“四地”成为经济发展主引擎，努力在传统产业改造升级、培育发展战略性新兴产业、推进能源转型上实现新突破。目前，盐湖资源综合利用已形成钾、钠、镁、锂、氯五大产业集群，建成全国最大的钾肥生产基地和全球最大的金属锂生产线。青海省建成世界首条全绿电大通道，投运 21 台世界首个、全球最大的新能源分布式调相机群，累计外送电量 300 亿千瓦·时，“绿电 5 周”再次刷新世界纪录，全国首个 100% 利用清洁能源的大数据产业基地建成。青海省成为全国最大的有机畜产品、有机枸杞、冷水鱼生产基地，高原育种实现新突破，“净土青海·高原臻品”公用品牌影响力持续提升。生态旅游逐步成为现代服务业的龙头，青海位列全国旅游目的地人气榜前十。

五、青海省生态文明建设体制初步形成

青海深入贯彻落实习近平总书记对青海工作的重大要求，全方位、全过程、全地域系统治理、保护生态环境，在生态文明建设体制机制创新上取得了初步成效。加强对生态治理的集中统一领导，建立由青海省委书记、省长任“双组长”的三江源、祁连山国家公园体制试点工作领导小组，组建青海省州县乡村五级国家公园管理的“大部门制”实体，有力强化绿色治理的领导体制。先行先试三江源、祁连山双国家公园体制试点，以国家公园为主体的自然保护地体系初步建成。颁布试行《三江源国家公园条例（试行）》，编制三江源国家公园总体规划，明确管理规范和技术标准，对三江源地区取消地区生产总值指标考核，成立三江源生态法庭，从法治体系、规划体系、管理体系、考核体系等方面保障绿色治理行稳致远。与中国科学院成立三江源国家公园研究院、设立院士工作站，在青海省内大学开设了国家公园管理方向的专业学科，依靠科技和人才的力量提质量、增后劲（青海省推进碳达峰碳中和典型案例见附录三）。

第二节　青海省科学有序推进碳达峰碳中和的内部劣势

一、青海省高能耗高排放项目有一定比例

由于绿色产业支撑力不足，产业格局尚在调整，青海省在迈向现代化的进程

中，仍然存在一定的高能耗产业，从而增加全省的能耗总量，推高碳达峰峰值，提升减排中和的压力。经测算，仅“十四五”时期支撑建设盐湖产业基地项目就需 40 余项，新增能耗约 2500 万吨标准煤。国家发展改革委发布的《2021 年上半年各地区能耗双控目标完成情况晴雨表》显示，2021 年上半年青海省单位 GDP 能耗同比增长 5.8%，全社会能源消费量同比增长 15.4%。可见，降低能耗强度，将是未来一段时间内，青海实现碳达峰必须解决的重要问题。

二、青海省碳排放强度仍然较高

从零碳能源生产能力来看，2000~2020 年青海省零碳能源生产能力指数 λ 平均值为 0.31，零碳能源生产能力较弱，能源消耗方面的碳排放仍然较大。从青海省的碳排放强度来看，2000~2020 年青海省碳排放量占全国的 0.50%，但地区生产总值仅占全国的 0.28%，平均碳强度为 3.45 万吨 / 亿元。同期全国碳强度为 2.01 万吨 / 亿元。青海省的碳强度为全国的 1.75 倍。较高碳排放强度，是青海省科学有序推进碳达峰碳中和的重要影响因素。

三、青海省绿色低碳产业支撑力不足

青海省基本建立了农畜产品种桓养殖、精深加工、废物综合利用的循环型农牧业体系，能源梯级利用、水资源循环利用、废物交换利用、土地集约利用的循环型工业体系，服务主体绿色化、服务过程清洁化、服务业与其他产业融合发展的循环型服务业体系，但整体上服务青海省经济社会发展的能力仍然较低。青海省清洁能源产业高速发展与其电源结构之间的矛盾突出。2021 年青海省发电侧的光伏发电利用率仅 86.2%，消纳侧枯期用电缺口严重，2023 年跨省外购电量大幅增加至 213 亿千瓦・时，企业用电成本持续大幅上涨，严重制约青海清洁能源高质量发展。绿色低碳产业发展仍然缓慢，在青海省的产业结构占比仍然较低。

四、青海省生态产品价值转化机制尚不健全

据初步估算，青海省生态资产总价值为 18.39 万亿元，每年生态服务总价值为 7300 亿元，但是海量的生态资源价值转化渠道不畅。当前青海省的生态补偿渠道主要以政府为主，补偿形式主要为生态补偿。生态补偿政策主要有三项：生态管护员公益岗位设置、草原生态保护补助奖励、生态公益林补偿等。但生态补

偿仍存在范围偏小、标准偏低，以及资金来源单一和缺乏持久稳定的经费来源等问题。同时生态价值市场化渠道因自然资源资产产权体系和市场交易体系不完善、社会资本难以引进等原因，尚未充分发挥其作用与功能。

五、农牧民生计对资源的依赖性仍然较高

以三江源国家公园为例，当地牧民以传统的畜牧养殖产业为主，90% 的牧民长期从事畜牧业生产，畜牧业是牧民最为基础性的产业。当前，牧民对当地的自然资源的依赖程度较高，可替代生计策略比较受限，往往局限于畜牧业生产以及草原上蘑菇、虫草等的简单采集，大多数牧民没有改变“依靠资源找饭吃”的路径依赖，导致牧民选择生态保护行为后对抗风险的能力下降。其中，长江源园区、黄河源园区牧户主要收入来源为畜牧业收入和国家补助；澜沧江园区农牧民除畜牧业收入和国家补助外，虫草为主要收入来源，占收入的 60% ~ 70%。

第三节　青海省科学有序推进碳达峰碳中和的外部机遇

一、世界各国积极推动碳达峰碳中和

截至 2022 年底，全球已有 130 余个国家 / 地区宣布碳中和目标或计划，约涉及全球 CO_2 排放总量的 88%，全球经济总量的 91%，全球人口总数的 85%。美国、英国、法国和日本近期相继发布了具体的碳中和行动战略，希望借助碳中和契机推动绿色技术发展、实现本国产业转型升级。具体而言，美国政府希望以电力系统脱碳为战略重心，推动新型产业发展，构建可持续、富有弹性的经济增长模式，保持美国社会繁荣发展，助力美国再次强大；英国政府提出通过碳中和战略，在实现本国零碳排放目标的基础上，打造绿色技术全球领导地位，借助碳中和契机实现本国就业和经济增长；法国政府希望通过碳中和行动形成新的可持续增长模式，创造就业和财富并改善社会福祉；日本政府认为，以破坏环境为代价的经济增长时代已经结束，亟须创造“经济与环境良性循环”的产业发展模式。

二、我国已建立了“1+N”的“双碳”政策体系

面对全球范围内开展应对气候行动的趋势，我国在宣布“双碳”目标之后，2021年10月发布了《中共中央国务院关于完整准确全面贯彻新发展理念做好碳达峰碳中和工作的意见》（中发〔2021〕36号）和《2030年前碳达峰行动方案》（国发〔2021〕23号）。这两个指导性文件共同构成了贯穿我国碳达峰碳中和两个阶段的顶层设计，在国内双碳政策体系中发挥统领作用，为“1+N”政策体系中的“1”。与此同时，国务院相关部门和各省、自治区、直辖市结合实际，在能源、工业、交通运输和城乡建设等各领域及各省份相继出台“碳达峰”实施方案、发展规划、指导意见和工作指南，构成了我国双碳政策体系中的“N”。我国“双碳”工作中的“1+N”的政策体系为全国积极稳妥推进碳达峰碳中和奠定了良好的政策支持基础。

三、我国已建立碳交易市场体系

建设全国碳交易市场是利用市场机制控制和减少温室气体排放、推进绿色低碳发展的一项重大制度创新。我国参与碳排放交易历程可划分为三个阶段：第一阶段（2005~2012年），主要参与国际CDM项目；第二阶段（2013~2020年），在北京、上海、天津、重庆、湖北、广东、深圳、福建八省份开展碳排放权交易试点；第三阶段（从2021年开始至今），建立了全国碳交易市场，首先纳入电力行业。2021年7月16日，我国启动了全国碳排放交易市场，这是以地方碳市场经验为基础，并借鉴国外经验，发展出的全国碳排放交易市场。2024年1月22日，全国温室气体自愿减排（CCER）交易在北京启动，市场启动首日总成交量达37.53万吨，总成交额为2383.53万元。

四、中央转移支付对“双碳”的投入较大

近年来，财政部不断创新完善政策制度，综合运用财政资金引导、税收调节和政府绿色采购等多种政策措施支持推进碳达峰碳中和工作。在资金保障方面，2021年中央财政安排支持绿色低碳发展相关资金约3500亿元，强化对清洁能源推广和应用、重点行业领域低碳转型、科技创新和能力建设、碳汇能力巩固和提升等方面的保障力度；在建立多元化资金投入机制方面，通过国家绿色发展基金带动社会资本支持长江经济带绿色发展，以金融手段加快培育绿色发展领域的市

场主体，规范有序推进生态环保领域政府和社会资本合作，财政资金“四两拨千斤”的撬动作用不断彰显。

五、发达国家/地区已有碳达峰碳中和成功经验

根据世界资源研究所发布的报告，全球已经有50多个国家实现碳达峰，约占全球碳排放总量的40%。目前，全球已有超过130个国家和地区提出了“零碳”或碳中和的气候目标。其中，有30多个国家通过立法、政策宣示或领导人承诺等方式确定了碳中和目标。欧盟最先制定长期减排目标，已有11个成员国提出了碳中和目标年。从路径共识来看，绝大多数国家将能源系统的绿色低碳转型作为长期减排战略重点，特别是推动能源消费终端部门电气化、电力行业脱碳化，以及在难以电气化的行业推广氢能等替代能源。在控制能源消费总量方面，主要通过提升各行业能效、发展工业循环经济模式、能源需求侧管理等方式实现。

第四节　青海省科学有序推进碳达峰碳中和的外部挑战

一、局部地区军事冲突导致全球“双碳”发展前景不确定

局部地区军事冲突给全球“双碳”进程带来重大挑战。一方面，军事冲突本身导致大量的碳排放量。《参考消息》报道称，俄乌冲突爆发后的两年里（2022年2月至2024年2月）额外产生的温室气体，换算成二氧化碳至少达到1.75亿吨，这相当于9000万辆汽油车或者荷兰一年的温室气体排放量。另一方面，军事冲突导致国际能源贸易流向发生重大变化。例如，作为世界主要能源出口国之一的俄罗斯，其能源供应受军事冲突影响呈现不稳定态势，从而大幅推高石油、天然气、煤炭等大宗商品价格，使得欧洲多个国家和地区出现能源电力紧缺。出于能源安全的考虑，欧洲逐步放松对煤炭发电的限制，能源转型步伐减慢。如德国为应对天然气供应减少，开始重启部分煤电厂以应对能源危机。局部地区军事冲突引发的能源供应大幅波动导致煤电持续增加，进而引起二氧化碳排放出现反弹，并对全球“双碳”目标实现产生重大影响。

二、对外贸易环境不确定导致国际“双碳”合作出现曲折

应对气候变化离不开全球协调合作。气候变化博弈的背后是能源及碳排放问题。随着大国竞争的加剧、逆全球化趋势回潮，东西阵营对抗明显，导致贸易环境存在较大的不确定性，在此背景下推进碳达峰碳中和面临新的挑战。贸易摩擦往往通过作用于进出口总额和减排效率，对碳排放转移和环境成本产生影响，从而对区域乃至全球“双碳”进程产生重大影响。研究表明，中美贸易摩擦极大地增加了中美两国和世界经济的不确定性，极大影响了中国新能源企业成本，进而对我国新能源汽车行业的生产和出口产生负面影响。从美国进口大豆关税的提高使得我国大豆种植能源使用及碳排放明显增加，小麦种植能源使用及碳排放相应增加。贸易环境的不确定以及由此形成的贸易摩擦、经济制裁、外交对立，可能会影响世界各国的政治互信，进而影响在全球碳中和领域的深度合作，导致全球各国“双碳”合作进程出现曲折。

三、我国实现“双碳”目标的科学技术支撑能力相对薄弱

近年来，我国先后出台了《国家重点推广的低碳技术目录》《科技支撑碳达峰碳中和实施方案（2022~2030 年）》等政策性文件，绿色能源创新能力和自主研发水平获得显著提升，但和发达国家相比，仍然面临着核心技术研发和推广的双重压力。一方面，我国面临排放端的技术困境。虽然过去 40 年我国单位 GDP 能耗年均降幅超过 4%，累计降幅近 84%，但由于先进节能减排技术普及率不及 30%，单位 GDP 能耗仍是世界平均水平的 1.5 倍。想要如期实现碳中和的目标，我国在二氧化碳排放端的技术应用与效率提升等方面仍有较大差距。另一方面，我国吸收端技术难题比较突出。国际上通行的负排放技术（如将二氧化碳制成燃料、混凝土碳捕集、植树造林等）在我国的应用面较窄，且碳移除潜力较大的矿物碳化和生物碳技术领域也少有国内学者涉及，项目落地较少，相关的基础研究及拓展应用仍待进一步深化。

四、国内碳达峰碳中和的体制机制尚不完善

过去十余年中国大力推动节能减排和应对气候变化工作，建立起较为完善的低碳发展制度和政策体系，并取得显著成效，为碳达峰碳中和工作积累了丰富的经验。目前，碳达峰碳中和工作也还存在一些短板和困境亟待补齐和突破。一

是有些政策工具尚处于研究阶段，还未开始实施。例如，在一些发达国家已经实施的碳税，目前在我国还处于探讨研究阶段，尚未被采纳。二是有些政策工具虽已实施，但力度太小或尚处于试点阶段。例如，绿色金融目前只在5个省份开展试点，且规模较小并以绿色信贷为主，远不能满足低碳发展的要求。三是有些已列入计划的体制机制建设工作进展落后于计划的进度安排。此外，社会力量参与机制，碳排放统计、监测体系，碳约束目标地区分解和考核机制等都有待建立健全。体制机制的不健全，很大程度上影响了全国“双碳”目标的实现进度。

五、社会风险对“双碳”进程的潜在影响不容忽视

在推进“双碳”过程中存在一定的社会风险，往往会对实现“双碳”目标形成潜在威胁。一方面，地方政府存在片面执行政策导致“双碳”目标偏离的风险。一些地方政府对于“双碳”目标认识不足，在行动上搞脱离实际的“攀高峰”“碳冲锋”，对高排放和高污染企业进行“一刀切”式关停。这种简单粗暴的“运动式”“休克式”推进方式对经济社会的可持续发展会造成较大的负面影响，有可能引发社会不稳定，进而导致“双碳”进程偏离既定目标。另一方面，“双碳”目标约束下的产业转型中的产业工人结构性失业问题凸显。以煤炭行业为例，在供给侧改革中，从业人数已经从2015年的450万人左右降低到2020年的260万人左右，到2030年甚至可能降到100万人左右。大多数普通工人由于文化水平不高，在失业后会面临生计难题。结构性失业问题如果持续时间过长，可能会导致失业工人对“双碳”进程的消极抵制。

第五节　SWOT-AHP模型验证

一、结构模型设立

综上所述，并结合相关领域的专家意见对初拟的影响要素进行补充和修订，建立了AHP三个层次分析模型，即研究目标层、准则层、指标层（见表10-1）。

表 10-1　青海省科学有序推进碳达峰碳中和可行性层次结构模型

目标层	准则层	指标层
青海省科学有序推进碳达峰碳中和可行性	S（内部优势）	S_1 青海省碳排放量近年来呈下降趋势
		S_2 青海省碳汇储量大
		S_3 青海省清洁能源占比高
		S_4 青海省绿色低碳产业转型取得积极成效
		S_5 青海省生态文明建设体制初步形成
青海省科学有序推进碳达峰碳中和可行性	W（内部劣势）	W_1 青海省高能耗高排放项目有一定比例
		W_2 青海省碳排放强度仍然较高
		W_3 青海省绿色低碳产业支撑力不足
		W_4 青海省生态产品价值转化机制尚不健全
		W_5 农牧民生计对资源的依赖性仍然较高
	O（外部机遇）	O_1 世界各国积极推动碳达峰碳中和
		O_2 我国已建立了“1+N”双碳政策体系
		O_3 我国已建立碳交易市场体系
		O_4 中央转移支付对双碳的投入较大
		O_5 发达国家 / 地区已有碳达峰碳中和成功经验
	T（外部挑战）	T_1 局部地区军事冲突导致全球“双碳”发展前景不确定
		T_2 对外贸易环境不确定导致国际“双碳”合作出现曲折
		T_3 我国实现“双碳”目标的科学技术支撑能力相对薄弱
		T_4 国内碳达峰碳中和的体制机制尚不完善
		T_5 社会风险对“双碳”进程的潜在影响不容忽视

在构建指标体系的基础上，将 SWOT 分析方法与层次分析法相结合，用 yaahp12.10 软件进行分析计算，根据层次分析法的定量分析结果制定战略决策，构建战略四边形雷达图，为青海省科学有序推进碳达峰碳中和可行性研究提供科学的战略选择。

二、判断矩阵构建

运用通过邮件、信函或面对面的形式发放问卷，邀请24名相关专业领域的专家对确定的SWOT组中的要素进行两两比较（专家咨询函见附录二），并按照1~9标度法进行赋值（见表10-2）。

表10-2 AHP衡量标度

定性描述（因素1、因素2相比前者比后者的重要性）	相同		稍强		强		明显强	绝对强	
赋值	1	2	3	4	5	6	7	8	9

应用软件yaahp12.10依据专家对其中各个要素优先顺序的判断结果构建分析矩阵。步骤如下：

（1）一致性计算（CI）。

$$CI = \frac{\lambda_{\max} - n}{n-1} \tag{10-1}$$

（2）随机一致性指标（RI）。

1~9维度的RI参考取值如表10-3所示。

表10-3 RI的取值

维数	1	2	3	4	5	6	7	8	9
RI	0	0	0.58	0.90	1.12	1.26	1.32	1.41	1.46

（3）计算CR。

CR=CI/RI，当CR<0.1时，说明判断矩阵有较好的一致性。

1）计算出SWOT战略组权重（见表10-4）。

表10-4 SWOT战略组比较矩阵、各指标优先权重及一致性检验结果

SWOT	内部优势（S）	内部劣势（W）	外部机遇（O）	外部挑战（T）	Wi
内部优势（S）	1	2.9112	1.4953	2.3788	0.4111
内部劣势（W）	0.3435	1	0.5136	0.8171	0.1412
外部机遇（O）	0.6688	1.9469	1	1.5908	0.2749
外部挑战（T）	0.4204	1.2238	0.6286	1	0.1728

注：一致性检验 $\lambda_{\max}$=4.0431，CI=0.0162，CR=0.0180<0.1，通过一致性检验。

2）计算出内部优势（S）组权重（见表 10–5）。

表 10–5　内部优势（S）组比较矩阵、各指标优先权重及一致性检验结果

内部优势（S）	S_1	S_2	S_3	S_4	S_5	Wi
S_1	1	0.668	0.8526	0.9312	0.8238	0.1679
S_2	1.497	1	1.2762	1.394	1.2332	0.2513
S_3	1.1729	0.7836	1	1.0922	0.9663	0.1969
S_4	1.0739	0.7174	0.9156	1	0.8847	0.1803
S_5	1.2139	0.8109	1.0349	1.1303	1	0.2037

注：一致性检验 λ_{max} =5.0295，CI =0.0066，CR=0.0073<0.1，通过一致性检验。

3）计算出内部劣势（W）组权重（见表 10–6）。

表 10–6　内部劣势（W）组比较矩阵、各指标优先权重及一致性检验结果

内部劣势（W）	W_1	W_2	W_3	W_4	W_5	Wi
W_1	1	1.1108	1.2532	1.1203	1.4226	0.2329
W_2	0.9003	1	1.1282	1.0086	1.2807	0.2097
W_3	0.7979	0.8863	1	0.8939	1.1351	0.1858
W_4	0.8926	0.9915	1.1187	1	1.2699	0.2079
W_5	0.7029	0.7808	0.8809	0.7875	1	0.1637

注：一致性检验 λ_{max} =5.0406，CI =0.0091，CR=0.0101<0.1，通过一致性检验。

4）计算出外部机遇（O）组权重（见表 10–7）。

表 10–7　外部机遇（O）组比较矩阵、各指标优先权重及一致性检验结果

外部机遇（O）	O_1	O_2	O_3	O_4	O_5	Wi
O_1	1	0.5922	0.746	0.6359	0.9923	0.1513
O_2	1.6887	1	1.2598	1.0739	1.6757	0.2555
O_3	1.3404	0.7938	1	0.8524	1.3301	0.2028
O_4	1.5725	0.9312	1.1731	1	1.5604	0.2379
O_5	1.0078	0.5968	0.7518	0.6409	1	0.1525

注：一致性检验 λ_{max} =5.0579，CI =0.0129，CR=0.0143<0.1，通过一致性检验。

5）计算出外部挑战（T）组权重（见表 10–8）。

表 10–8　外部挑战（T）组比较矩阵、各指标优先权重及一致性检验结果

外部挑战（T）	T_1	T_2	T_3	T_4	T_5	Wi
T_1	1	0.8546	0.5257	0.6066	0.6734	0.1388
T_2	1.1701	1	0.6151	0.7098	0.7879	0.1624
T_3	1.9022	1.6257	1	1.1539	1.2809	0.264
T_4	1.6485	1.4088	0.8666	1	1.11	0.2288
T_5	1.4851	1.2692	0.7807	0.9009	1	0.2061

注：一致性检验 λ_{max} =5.0334，CI =0.0075，CR=0.0083<0.1，通过一致性检验。

6）计算出外 SWOT 各要素权重（见表 10–9）。

表 10–9　SWOT 各要素优先级计算结果

SWOT 组		各组优先级	各组内要素优先级	要素总优先级
内部优势（S）	S_1	0.4961	0.0531	0.0263
	S_2		0.1235	0.0613
	S_3		0.1085	0.0538
	S_4		0.1005	0.0499
	S_5		0.1105	0.0548
内部劣势（W）	W_1	0.1077	0.0241	0.0026
	W_2		0.0229	0.0025
	W_3		0.0245	0.0026
	W_4		0.0228	0.0025
	W_5		0.0135	0.0015
外部机遇（O）	O_1	0.2788	0.0244	0.0068
	O_2		0.0941	0.0262
	O_3		0.0603	0.0168
	O_4		0.0677	0.0189
	O_5		0.0323	0.0090
外部挑战（T）	T_1	0.1174	0.0099	0.0012
	T_2		0.015	0.0018
	T_3		0.0375	0.0044
	T_4		0.0309	0.0036
	T_5		0.0241	0.0028

三、SWOT 战略四边形与方位角

SWOT 战略四边形综合了总的优势强度、总劣势强度、总机会强度、总威胁强度四大要素，是对影响战略选择的内、外部要素影响强度的直观反映。根据总 S、W、O、T 影响强度大小，可在二维坐标系绘制战略四边形。其中，P 点（战略四边形的重心）所在的位置反映了四个要素综合的作用的焦点。据总优势、总劣势、总机会、总威胁的计算方法，即：

$$S=\sum S_i/n_s \quad i=1,2,\cdots,n_s \tag{10-2}$$

$$W=\sum W_i/n_W \quad i=1,2,\cdots,n_w \tag{10-3}$$

$$O=\sum O_i/n_o \quad i=1,2,\cdots,n_o \tag{10-4}$$

$$T=\sum T_i/n_t \quad i=1,2,\cdots,n_t \tag{10-5}$$

可得出总优势强度 S=0.0492，总劣势强度 W=0.0023，总机遇强度 O=0.0155，总威胁强度 T=0.0028。

将战略方位角 θ 引入 SWOT-AHP 模型中，用于判别具体的可选择的战略类型，以角 θ 表示各要素对战略选择影响最终作用的具体方位，tan θ = Y/X（0 ≤ θ ≤ π）（见图 10-2）。此处 tan θ = 0.0064/0.0235 =0.2727，位于第一象限［0，π/4］区域内，落于开拓型战略区的实力型战略区域。由此可知，青海省推进碳达峰碳中和具有一定实力。

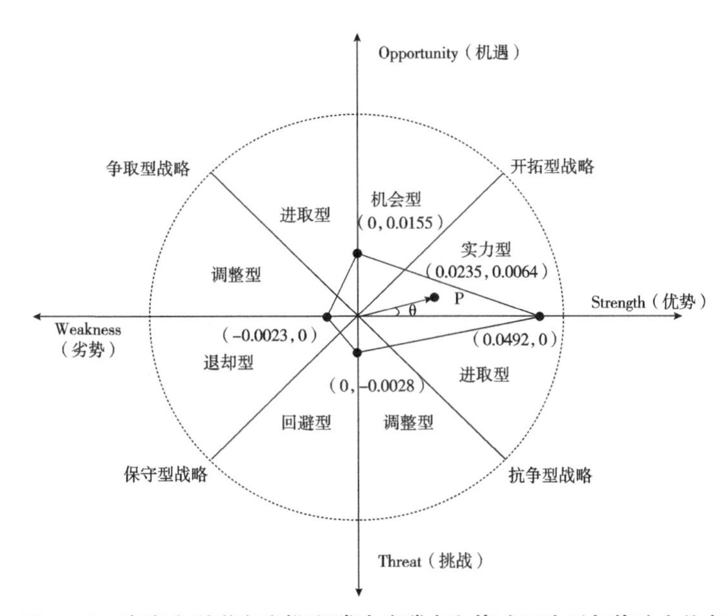

图 10-2　青海省科学有序推进碳达峰碳中和战略四边形与战略方位角

对于具体发展策略的选择，结合SWOT分析框架下推导出青海省科学有序推进碳达峰碳中和在各个象限的应对策略，结合指标权重排序，分析得出各象限策略的优先级。计算战略四边形各象限三角形的面积S，由此可以得知，青海省科学有序推进碳达峰碳中和应采取SO策略为主，兼顾采取ST策略、WO策略和WT策略（见表10–10）。

表10–10　青海省科学有序推进碳达峰碳中和SWOT分析

SWOT	优势（Strengths）	劣势（Weaknesses）
	S_1 青海省碳排放量近年来呈下降趋势	W_1 青海省高能耗高排放项目有一定比例
	S_2 青海省碳汇储量大	W_2 青海省碳排放强度仍然较高
	S_3 青海省清洁能源占比高	W_3 青海省绿色低碳产业支撑力不足
	S_4 青海省绿色低碳产业转型取得积极成效	W_4 青海省生态产品价值转化机制尚不健全
	S_5 青海省生态文明建设体制初步形成	W_5 农牧民生计对资源的依赖性仍然较高
机遇（Opportunities）	系统策略（SO策略）	系统策略（WO策略）
O_1 世界各国积极推动碳达峰碳中和	（1）做大做强新能源产业链，形成创新型企业集群优势	（1）加快碳减排约束下的产业转型，构建低碳经济体系
O_2 我国已建立了“1+N”双碳政策体系	（2）完善循环经济标准和认证制度，推进重点领域和重点行业绿色化改造	（2）优化低碳值能源消费结构，持续提升清洁能源比重
O_3 我国已建立碳交易市场体系	（3）紧抓科技革命和产业变革机遇，积极培育发展战略性、未来型产业	（3）探索碳标签改革试点，引导形成绿色低碳生活方式
O_4 中央转移支付对双碳的投入较大	（4）积极建设“绿电特区”，扩大碳排放权交易	（4）完善资源有偿使用制度，构建多元化生态补偿机制和生态产品价值实现机制
O_5 发达国家/地区已有碳达峰碳中和成功经验		
挑战（Threats）	系统策略（ST策略）	系统策略（WT策略）
T_1 局部地区军事冲突导致全球“双碳”发展前景不确定	（1）推动国家公园高质量发展，优化生态安全廊道布局，推动区域分工协作	（1）推进山水田林湖草沙冰综合系统治理，拓展扩充生态固碳容量
T_2 对外贸易环境不确定导致国际“双碳”合作出现曲折	（2）谋划战略性投资新领域，促进先进制造业投资，加强重点生态功能区域治理投入	（2）丰富碳储量生态资源，全面提升生态系统碳汇能力
T_3 我国实现“双碳”目标的科学技术支撑能力相对薄弱	（3）建设区域性资源环境权益交易市场，深入推进排污权有偿使用和交易试点	（3）加强生态保护与修复，建立草原森林河流湖泊休养生息制度体系
T_4 国内碳达峰碳中和的体制机制尚不完善	（4）充分发挥水能风能光能互补的独特优势，加快建设国家清洁能源产业高地	（4）严格执行生态环境保护督察制度，压实部门生态环境保护责任
T_5 社会风险对“双碳”进程的潜在影响不容忽视		

第十一章

青海省科学有序推进碳达峰碳中和的路径选择

在影响因素、作用机理、应对策略分析的基础上，结合实际提出青海省科学有序推进碳达峰碳中和的现实路径，是本书的落脚点。为此，本章阐述了青海省科学有序推进碳达峰碳中和的发展策略、重点任务、实施路径，提出了发展新质生产力助推青海碳达峰碳中和的对策建议。

第一节　青海省科学有序推进碳达峰碳中和的发展策略

一、优先发展 SO 实力型策略

实行“产业链 + 绿色化改造 + 未来型产业 + ‘绿电特区’”的低碳经济发展模式。实体经济是现代化经济体系的坚实基础，加快发展生态产业，不断壮大新能源产业链，形成创新型企业集群优势，完善循环经济标准和认证制度，推进重点领域和重点行业绿色化改造，紧抓科技革命和产业变革机遇，积极培育发展战略性、未来型产业，积极建设“绿电特区”，扩大碳排放权交易，构建创新引领、协同发展的具有青海特色的现代产业体系。

二、重点推进 ST 进取型策略

实行“国家公园高质量发展 + 战略性投资 + 资源环境权益交易市场 + 建设国家清洁能源高地”的综合发展模式。国家公园建设作为引领区域协调发展的新模式，能够推动区域分工协作。谋划战略性投资新领域，促进先进制造业投资，加强重点生态功能区域治理投入，为产业生态化注入新活力。建设区域性资源环境权益交易市场，充分发挥水能风能光能互补的独特优势，深入推进排污权有偿使用和交易试点，加快建设国家清洁能源产业高地。

三、持续巩固 WO 进取型策略

实行“产业转型 + 能源消费结构优化 + 碳标签改革 + 资源有偿使用”的资源集约利用发展模式。加快碳减排约束下的产业转型，构建低碳经济体系，优化低碳值能源消费结构，持续提升清洁能源比重，积极探索碳标签改革试点，引导形成绿色低碳生活方式，不断完善资源有偿使用制度，构建多元化生态补偿机制和生态产品价值实现机制，实现自然资源的集约化利用。

四、逐步强化 WT 调整型策略

实行“山水田林湖草沙冰综合系统治理 + 生态系统碳汇能力提升 + 草原森林河流湖泊休养生息制度 + 生态环境保护督察制度”的生态治理模式。统筹推进山水田林湖草沙冰综合系统治理，持续拓展扩充生态固碳容量，全面提升生态系统碳汇能力。加强生态保护与修护，建立草原森林河流湖泊休养生息制度体系，严格执行生态环境保护督察制度，压实部门生态环境保护责任，确保青海省的生态底色永不失色。

第二节　青海省科学有序推进碳达峰碳中和的重点任务

一、坚持碳减排与碳增汇协调推进

统筹推进减污、降碳、扩绿、增长，坚持碳减排与碳增汇两手抓共促进。坚持能耗“双控”与碳排放“双控”相结合，通过产业布局、结构调整、减污降碳，严格控制能耗和二氧化碳排放强度，合理控制能源消费总量。全力推动工业、农业、建筑业、服务业低碳化、零碳化改造，积极开展省级低碳城市（县）、绿色产业园区、绿色企业、绿色学校、绿色社区、绿色家庭等绿色低碳社会行动示范创建，引导绿色低碳消费，全面构建低碳型社会。同时巩固提升碳汇能力，建立以国家公园为主体的自然保护地体系，稳定现有森林、草原、湿地、冰川、冻土、盐碱土等固碳作用。提升生态系统碳汇增量，推动实施三江源、祁连山、青海湖等重大生态保护修复工程，系统推进山水林田湖草沙冰一体化保护和修复，巩固退耕还林还草成果，扩大林草资源总量，持续增加森林面积和蓄积量，推广农业生态技术、绿色技术和增汇技术，提升生态农业碳汇。

二、抓住能源清洁化和高效化这个关键

充分利用“水丰、光富、风好、地广”的自然禀赋，以光伏、储能两大千亿级产业为载体，积极融入国家重大能源战略布局，加快推进清洁能源规模化、基地化发展，创新“光伏 +”模式，探索氢能“制储输用”工程，加大能源结构调整力度，着力破解电源结构、网源时空、生产消纳、储能周期、价值价格“五大错配”问题，不断提升能源产业的含绿量，全面建设高水平国家清洁能源产业高地，不断提高非化石能源消费比重，构建以新能源为主体的新型电力系统。同时把节能降碳贯穿于经济社会发展全过程和全领域，持续深化工业、建筑、交通、商贸、农业农村、公共机构等重点领域节能，推动电力、钢铁、有色、石化、化工、建材等行业节能降碳改造升级。大力发展循环经济，推进资源节约集约利用，构建资源循环型产业体系和废旧物资循环利用体系，加大垃圾资源化利用力度，全面提高资源利用效率。

三、有序推进六个重点领域碳达峰行动

围绕工业、能源、交通、建筑、农业、服务业六个重点领域，因地制宜开展碳达峰行动。以产业“四地”为重点，全面推进产业绿色转型升级，加快构建以绿色低碳为导向的现代产业体系，推动有色冶金、能源化工、特色轻工等传统产业智能化绿色化，壮大新能源、新材料、生物医药等战略性新兴产业，培育发展生态经济和数字经济。加快清洁能源产业规模化发展，加快建设国家清洁能源产业高地。推广应用新能源，构建低碳交通运输体系，显著提升营运车辆及船舶新能源和清洁能源应用比例，有效降低营运车船污染物排放强度，进一步提升运输组织效率，形成绿色出行体系。积极开展绿色低碳城市建设，推进村镇绿色低碳建设，实施绿色建筑重大工程。加快农牧业低碳发展，推动农牧业降碳节能，提升农牧业绿色增汇，打造低碳示范美丽乡村。加快批发零售、住宿餐饮业数字化

改造提升，促进绿色低碳化发展。建立绿色低碳循环物流网络，构建低碳物流体系，推动绿色物流快速发展。

四、强化碳达峰碳中和的科学技术支撑

建立重点领域绿色创新技术示范体系，构建以供给端、消费端、固碳端“三端”共同发力的绿色低碳技术示范体系。立足青海绿电资源优势，集中力量开展复杂大电网安全稳定运行和控制、大容量风电、高效光伏、大容量储能，低成本可再生能源制氢等技术创新。开展风光水储多能互补、智能电网、储能、可再生能源与氢能集成利用关键技术研究，科学规划实施工业领域零碳排放、碳汇等绿色低碳转型升级关键核心技术。完善科技创新体制机制。不断深化全省科技体制创新，重构科研项目形成机制。面向全国征集执行单位，汇聚国内优势科研力量坚持规划引领，以重大需求为导向，以解决“卡脖子”等关键技术难题为目标，分年度细化生态价值转化专项目标。在省级科技计划中推进实施“揭榜挂帅”“帅才科学家负责制”等科研项目管理改革，整合省内外创新资源，协助推动青海零碳产业园区建设。加强创新能力建设和人才培养。建立稳定支持和竞争支持相结合的协调投入机制，不断加大碳达峰碳中和科技创新支持力度，在每年省级科技专项资金中对该领域项目给予倾斜。

五、做好碳达峰碳中和的组织保障

全面融入规划布局。将碳达峰碳中和的战略导向和目标要求融入经济社会中长期发展规划，强化国土空间规划、区域规划及各级各类专项规划的支撑保障。

完善投融资政策。构建与碳达峰碳中和相适应的投融资体系和绿色金融服务体系。严控煤电、钢铁、电解铝、水泥、石化等高碳项目投资，加大对节能环保、新能源、低碳交通运输装备和组织方式、碳捕集利用与封存等项目的支持力度。

强化财税价格政策支持。落实国家支持碳达峰碳中和财税政策，充分发挥财政资金引导作用，把碳达峰碳中和目标任务作为财政预算和资金分配的重要依据，整合各类政府引导基金，撬动更多资金投向碳达峰碳中和重点领域和薄弱环节。

推进市场化机制建设。积极融入全国碳交易市场，做好重点排放单位碳排放核查、复核评估、配额分配、交易和配额清缴等工作。开展对重点排放单位的监督检查，强化碳排放数据质量管理。

加强国际交流与合作。发挥青海连接“一带一路”和西部陆海新通道的纽带作用，加强与有关国家和地区在推动碳达峰碳中和产业发展、技术应用等方面的交流，深化相关领域的政策沟通、项目合作、人才培训。

第三节　青海省科学有序推进碳达峰碳中和的实施路径

一、加快碳减排约束下的产业转型，构建低碳经济体系

以建设绿色发展现代化新青海为指引，全面贯彻创新驱动发展战略，以碳减排为硬约束条件，以绿色环保和技术创新为关键抓手，倒逼产业结构转型升级。依托青海特色资源，以生态经济、循环经济、数字经济、平台经济“四种经济形态”为引领，加快建设世界级盐湖产业基地，打造国家清洁能源产业高地、国际生态旅游目的地、绿色有机农畜产品输出地，构建绿色低碳循环发展经济体系，建设体现高原特色的现代化经济体系，形成产业减碳的强大支撑。

二、优化低碳值能源消费结构，持续提升清洁能源比重

坚定不移推动高质量发展，推动能源结构战略性调整。充分发挥清洁能源资源丰富、水能风能光能互补的独特优势，以构建清洁低碳安全高效能源体系为重点，以建成国家重要的清洁能源基地为目标，继续扩大海南、海西两个千万千瓦级可再生能源基地规模，有序推进冷湖—茫崖风电走廊建设，建设多能互补清洁能源示范基地，大力发展清洁能源，替代传统化石能源，大幅度减少碳排放，形成清洁能源比重持续提升的能源消费结构，有序实现清洁能源消费替碳。

三、探索碳标签改革试点，引导形成绿色低碳生活方式

坚定不移打造生态文明高地，以能源生产和消费革命为牵引，降低产出碳强度和投资碳强度，以创建能源革命综合试点省为契机，引进“碳标签”制度（把商品在生产过程中所排放的温室气体排放量在产品标签上用量化指数标示并告知消费者），深化生产消费低碳化革命。积极建设“绿电特区”，扩大碳排放权交易，推动绿证交易，开展低碳城市（园区、社区、家庭、学校、企业）示范创建活动，

形成减碳化碳的有效机制和良性循环体系，探讨深化能源改革化碳新路径。

四、丰富碳储量生态资源，全面提升生态系统碳汇能力

以青藏高原生态文明高地为指引，以生态文明建设“八个新高地”为载体，以筑牢国家生态安全屏障为使命，加大生态保护力度，不断丰富碳储量生态资源。深入开展保护“中华水塔”行动，加快形成以国家公园为主体的自然保护地体系，推动山水田林湖草沙冰综合系统治理，推进绿水青山工程，建设生态保护修复和环境治理重大工程，构建高原林网体系，持续扩大森林蓄积量、草原综合植被盖度及湿地保护率，切实拓展扩充生态固碳容量。

第四节　发展新质生产力助推青海碳达峰碳中和的对策建议

一、建设高水平国家清洁能源产业高地，为全国新质生产力发展提供充足清洁能源

青海省水能资源理论蕴藏量位居全国第五，太阳能年总辐射量位居全国第二，是我国第四大风场，可用于新能源开发的荒漠化土地超过10万平方千米，地热能、页岩气储量丰富，具有发展清洁能源的天然优势。要充分利用“水丰、光富、风好、地广”的自然禀赋，以海南、海西两个千万千瓦级清洁能源基地为依托，以光伏、储能两大千亿级产业为载体，积极融入国家重大能源战略布局，加快推进清洁能源规模化、基地化发展，着力破解电源结构、网源时空、生产消纳、储能周期、价值价格“五大错配”问题，不断提升能源产业的含绿量、含金量、含新量，全面建设高水平国家清洁能源产业高地，解决全国算力发展背后的绿色能源供给不足问题，为全国新质生产力发展提供充足的清洁能源支撑和有力的碳减排支持。

二、打造青海绿色算力基地，为“东数西算”国家布局提供绿色算力服务

青海省地处青藏高原东北部，气候冷凉干燥，年平均气温3.4℃，数据中心

可实现全年 314 天自然冷却，制冷用电比全国平均水平低 40% 左右，绿色算力发展成本优势明显。因此，要抢抓“东数西算”“东数西存”“东数西训”“数据要素 ×”“人工智能 +”等重大机遇，着力推进数据资源、重大项目、头部企业、重点产业、科创平台、专业人才“六个一批”工程，以绿色算力绘就新质未来，聚力打造“绿色算力”品牌，建设立足西部、服务全国的青海绿色算力基地。深度融入“东数西算”国家布局，构建“1+2+N”整体布局，加快建设西宁－海东智算、超算核心集群，围绕绿色算力产业链增强服务支撑能力，打造绿色算力产业集群，努力建成全国一体化算力网的重要节点，形成新质生产力发展新高地。

三、建设智能化世界级盐湖基地，全面提升强盐湖产业国际竞争力和影响力

盐湖资源是我省的第一大资源。综合开发利用盐湖资源，关乎我国粮食安全，关乎国家未来资源接替及新材料、新能源多个重要产业在全球的战略竞争力。当前，青海省盐湖资源综合利用已形成钾、钠、镁、锂、氯五大产业集群，建成全国最大的钾肥生产基地和全球最大的金属锂生产线。因此，要以盐湖综合开发利用为抓手，以生态保护为前提、技术创新为动力、循环利用为路径、市场需求为导向，以数字化、智能化改造为重点，加快绿色低碳循环发展，加快构建盐湖产业协同发展新体系，增强融合发展内生动力，加速抢占价值链高地，大力发展盐湖产业新质生产力。同时，因地制宜加快信息化和智能化建设，着力推进质量变革、效率变革、动力变革，培育形成新的绿色动力和新质动能，不断增强盐湖产业的国际竞争力、影响力。

四、建设传统产业转型示范基地，积极培育战略性新兴产业和未来产业

发展新质生产力不是忽视、放弃传统产业。传统产业是我省经济发展的基本盘、老家底，是现代化产业体系的基底。因此，要稳妥有序淘汰落后产能，坚决遏制“两高一低”项目盲目上马；同时瞄准高端、智能、绿色等方向，推进金属冶炼、基础化工、藏毯绒纺、生物医药等传统产业技术改造。加快工业“智改数转”，推动数字化车间和智能工厂建设，培育数字化转型“小灯塔”企业，推进建设“无人车间”“黑灯工厂”和大模型 AI 数字应用，促进数字经济与实体经济深度融合。在此基础上，聚焦新一代信息技术、生物技术、新能源、新材料、高

端装备、绿色环保等领域，培育壮大新兴产业。聚焦人工智能、量子信息、生物制造、低碳能源等前沿性和颠覆性技术，加速未来产业孵化孕育和成长。

五、建成碳汇净盈余输出地，为全国碳中和提供充足的减碳增汇支持

青海省生态固碳增汇潜力巨大。2012 年以来，三江源区水源涵养量年均增幅 6% 以上，全省草地覆盖率、产草量分别提高 11% 以上、30% 以上。植被碳库占比排在全国前列，湿地生态系统固碳总量全国第一。2000~2020 年，青海总固碳量年均增长率为 1.41%，碳收支有较大盈余，年均碳汇盈余 10.35 亿吨。因此，要以碳减排为硬约束条件，倒逼产业结构转型升级，构建体现高原特色的现代化经济体系，形成产业减碳的强大支撑。持续提升清洁能源比重，进一步扩大清洁能源生产能力和输出能力，为其他省区持续作出减碳贡献。全面提升生态系统碳汇能力持续扩大森林蓄积量、草原综合植被盖度及湿地保护率，切实拓展扩充生态固碳容量，建成碳汇净盈余输出地，为全国碳中和提供碳汇支持。

第十二章

结论与展望

本章从十一个方面重点梳理了研究结论，客观分析了研究中存在的不足，并提出了下一步的研究方向和研究任务。

第一节　研究结论

通过青海省碳排放脱钩趋势、驱动因子识别、碳达峰路径预测分析及碳达峰碳中和路径探讨，本书得出以下结论：

（1）煤炭是青海省碳排放的主要能源品种，工业是碳排放的主要行业部门。青海省煤炭的碳排放量占碳排放总量的比为68.32%，是碳排放最多的能源品种；工业碳排放量占比为74.83%，是碳排放最多的行业部门。目前青海省能源消费以电力为主，绿电外送工程为全国碳减排产生了较强的正外部效应。

（2）不同行业的碳排放量呈现不同特征，影响因素和驱动因子也各不相同。从典型行业碳排放来看，畜禽养殖产生的肠道发酵和粪便管理是青海省农业碳排放量增长的主要原因，平均占比达94.94%；农业经济发展水平和农业生产技术效应对农业碳排放的贡献最大，贡献率分别为39.40%和−37.45%。建材生产阶段和建筑运营阶段是建筑行业碳排放产生的主要阶段，占比超过90%；钢材和水泥生产碳排放量是建材生产阶段中碳排放量的主要构成部分，占比在70%以上。28个行业中直接碳排放主要来自金属加工业、化工业以及非金属制品业，占比为61.23%；生产链视角下的间接碳排放最多的行业为化工业、燃料加工品业以及非金属制品业，占比为36.14%；消费需求视角下的隐含碳排放最多的是出口消费，占比为 40.25%。

（3）青海省碳排放与经济增长之间的脱钩关系呈现“弱脱钩→强脱钩”阶段性演变。从整体上来看，青海省碳排放与经济增长处于弱脱钩状态，但以 2012 年为界呈现明显分异。2000~2011 年平均脱钩指数为 0.21，处于弱脱钩状态；2012~2020 年平均脱钩指数为 –0.06，处于强脱钩状态。新发展理念的贯彻落实对青海经济发展碳脱钩有积极的促进作用。

（4）青海省零碳生产能力整体较低，但上升趋势和阶段分异明显。2000~2020 年青海省零碳能源生产能力指数 λ 平均值为 0.31，零碳能源生产能力较弱，但整体呈波动上升趋势，λ 值从 2000 年的 0.19 上升到 2020 年的 0.40，年平均增速为 4.11%。以 2013 年为节点，2000~2012 年平均零碳能源生产能力指数 λ 为 0.26，2013~2020 年平均零碳能源生产能力指数 λ 为 0.38，两个阶段零碳能源生产能力分异明显。

（5）三江源国家公园碳储量呈波动型变化特征，空间分布演化状态较为平稳。1990~2020 年三江源国家公园碳储量呈“增加—减少—增加—减少”波动型变化特征，总体上碳储量增加了 4185 万吨；FVC、土壤类型、年降水量是影响三江源国家公园碳储量时空分异的主要驱动因子，平均 q 值分别为 0.286、0.282、0.211。碳储量空间分布总体特征变化不大，空间分布演化状态较为平稳，长江源园区、澜沧江源园区、黄河源园区多年平均碳储量贡献率为 7 ∶ 1 ∶ 2。

（6）青海省经济增长和能源生产“碳双脱钩”水平受多个因素影响。其中经济规模和投资规模具有显著的负向影响，能源使用效率和城镇化水平具有显著的正向作用，科技投入和环保投入有助于碳脱钩状态改善但影响不显著。

（7）影响碳排放的主要促增和促减因素分别是产出规模和产出碳强度。2000~2020 年，产出规模对青海省年均碳排放促增效应为 1024 万吨，产出碳强度平均碳排放促减效应为 –292 万吨，能耗水平、投资规模和投资碳强度年均碳排放促增效应分别为 847 万吨、264 万吨、447 万吨，具有较大减排空间。

（8）青海省总体净碳效率总体呈现下降趋势，且受多个因素影响。青海省总体净碳效率总体呈现下降趋势，经济系统效率最优，生态系统效率次之，总体效率水平低下，产业结构、能源效率和财政依存度对净碳效率具有显著的负向影响。

（9）三种不同情景下青海省碳达峰路径差异较大。在基准情景下，青海省在 2035 年碳排放值超过 2016 年形成新的峰值 6786 万吨，随后逐年缓慢下降。在绿色发展情景和技术突破情景下，两者的碳排放量分别在 2030 年和 2025 年达到一个次高峰后缓慢下降，但均低于 2016 年的碳排放量。

（10）青海省碳达峰碳中和行动中不同利益主体的行为策略各不相同。地方政府“积极策略”选择概率与园区管委会和驻园企业“积极策略”选择概率正相关；延迟决策会导致三方主体采取“积极策略”的速度初期较慢；随机扰动会使三方主体采取“积极策略”后仍无法保持稳定。碳绩效考核及碳交易水准提高后，三方主体采取“积极策略”的速度均加快；财税支持力度加大，会对园区管委会和驻园企业选择“积极策略”产生激励、对地方政府选择“积极策略”产生阻碍。

（11）应采取四种策略相结合的方式科学有序推进青海省碳达峰碳中和。①综合采取“产业链 + 绿色化改造 + 未来型产业 +‘绿电特区’”的低碳经济发展模式。②“国家公园高质量发展 + 战略性投资 + 资源环境权益交易市场 + 建设国家清洁能源高地”的综合发展模式。③实行“产业转型 + 能源消费结构优化 + 碳标签改革 + 资源有偿使用”的资源集约利用发展模式。④实行“山水田林湖草沙冰综合系统治理 + 生态系统碳汇能力提升 + 草原森林河流湖泊休养生息制度 + 生态环境保护督察制度”的生态治理模式，以推动青海省建设碳达峰碳中和先行区。

第二节　研究展望

一、存在的不足

本书主要存在以下四点不足：

（1）青海省二氧化碳排放量的测算结果可能与实际不完全吻合。本研究二氧化碳排放量测算方法主要参照联合国政府间气候变化专门委员会（IPCC）温室气体清单指南中的方法二，基于能源消费部门对青海省能源消费所产生的二氧化碳排放量进行核算。但我国能源碳排放占碳排放总量的 95% 左右，还有其渠道的碳排放量没有计算，本书测算出的碳排放量可能略低于全省实际碳排放量。

（2）在市（州）碳排放量的数据处理方面可能存在一定偏差。由于市（州）能源消费数据无法获取，本书结合青海省二氧化碳排放计算结果，通过夜间灯光数据计算得到各市（州）碳排放量。虽然夜间灯光数据能代表经济发展和能源消耗水平，但仍然不能完全准确地反映各市（州）的实际碳排放量，各市（州）碳排放量测算结果与实际情况可能存在一定偏差。

（3）青海省碳达峰路径的预测结果可能与实际情况有所出入。本书采用

LEAP 模型，以 2020 年为基准年，设计基准情景、绿色发展情景和绿色发展情景三种不同减排情景，采用蒙特卡罗模拟法进行 10 万次模拟，确定概率分布关系，分析青海省碳排放达峰趋势，最终得到最优的达峰路径。但由于不可预见因素的存在，导致预测结果与实际情况会有较大差异。

（4）青海省科学有序推进碳达峰碳中和的应对策略具有一定主观性。本书运用 SWOT-AHP 模型，建立层次结构分析模型，采用层次分析法确定指标层权重，并绘制战略四边形，在一定程度上探讨了青海省科学有序推进碳达峰碳中和的路径选择。但此方法是主观程度上的评价，具有一定的主观性。

二、研究展望

针对以上不足，在今后的研究中应从以下四个方面进行深化：

（1）全口径测算青海省碳排放问题。在能源消费碳排放量的基础上，进一步考虑农业活动、城市废弃物、工业生产工艺过程、土地利用变化与林业等产生的碳排放量，从而更为准确地测算青海省的碳排放量总量。

（2）合理测算各市（州）的碳排放量。与青海省发展改革委、青海省统计局、青海省能源局等相关部门充分对接，进一步获取各市（州）的能源消费数据，为科学合理测算各市（州）碳排放量提供可靠的数据支持。

（3）动态调整青海省碳达峰路径的预测结果。根据已出现的不可预见的突发事件，充分估计其对青海省科学有序推进碳达峰碳中和的影响，调整相关指数，动态调整全省碳达峰路径，为青海省委省政府科学决策提供充足的依据。

（4）进一步优化青海省科学有序推进碳达峰碳中和的应对策略。根据现有 SWOT-AHP 模型计算结果，增加客观赋权的方法，使各指标权重更加合理，在此基础上，进一步优化青海省科学有序推进碳达峰碳中和的应对策略。

参考文献

［1］刘新建，宋中炜，吴洁．碳中和目标下能源经济系统转型：碳定价与可再生能源政策作用有多大？［J/OL］．中国管理科学 :1–11［2024–11–06］. DOI:10.16381/j.cnki.issn1003–207x.2022.0586.

［2］卢春天，张志坚，程诚．农村青年对气候变化行为适应的影响因素分析［J］．中国青年研究，2016（8）：28–34.

［3］汤吉军，陈俊龙．气候变化的行为经济学研究前沿［J］．经济学动态，2011（7）：143–148.

［4］秦大河，丁一汇，苏纪兰，等．中国气候与环境演变评估（I）：中国气候与环境变化及未来趋势［J］．气候变化研究进展，2005（1）：4–9.

［5］习近平．高举中国特色社会主义伟大旗帜　为全面建设社会主义现代化国家而团结奋斗［N］．人民日报，2022–10–26（001）.

［6］新华社．习近平在参加青海代表团审议时强调　坚定不移走高质量发展之路 坚定不移增进民生福祉［J］．中国人力资源社会保障，2021（3）：6.

［7］习近平在青海考察时强调：坚持以人民为中心深化改革开放　深入推进青藏高原生态保护和高质量发展［J］．中国环境监察，2021（6）：10–12.

［8］李广斌，张林江．积极稳妥推进碳达峰碳中和青海干部教育培训十讲［M］．北京：中共中央党校出版社出版，2023.

［9］信长星．学习贯彻习近平生态文明思想坚决扛起生态保护重大政治责任［N］．青海日报，2022–06–09（001）.

［10］Kadefors A, Lingegård S, Uppenberg S, et al. Designing and Implementing Procurement Requirements for Carbon Reduction in Infrastructure Construction – international Overview and Experiences［J］. Journal of Environmental Planning and Management, 2021, 64（4）: 611–634.

［11］Qin L, Kirikkaleli D, Hou Y, et al. Carbon Neutrality Target for G7 Economies:

Examining the Role of Environmental Policy, Green Innovation and Composite Risk Index [J] . Journal of Environmental Management, 2021 (295) : 113119.

[12] Yang Q, Zhou H, Bartocci P, et al. Prospective Contributions of Biomass Pyrolysis to China's 2050 Carbon Reduction and Renewable Energy Goals [J] . Nature Communications, 2021, 12 (1) :1698.

[13] Shan S, Genç S Y, Kamran H W, et al. Role of Green Technology Innovation and Renewable Energy in Carbon Neutrality: A Sustainable Investigation from Turkey[J]. Journal of Environmental Management, 2021 (294) : 113004.

[14] Yu S, X Hu, Li L, et al. Does the Development of Renewable Energy Promote Carbon Reduction? Evidence from Chinese Provinces [J] . Journal of Environmental Management, 2020 (268) :110634.

[15] Ball P J. Macro Energy Trends and the Future of Geothermal Within the Low-Carbon Energy Portfolio [J] . Journal of Energy Resources Technology, 2021, 143 (1) : 010904.

[16] Galvin R. Net-zero-energy Buildings or Zero-carbon Energy Systems? How Best to Decarbonize Germany's Thermally Inefficient 1950s-1970s-era Apartments [J] . Journal of Building Engineering, 2022: 104671.

[17] Hao LN, Umar M, Khan Z, et al. Green Growth and Low Carbon Emission in G7 Countries: How Critical the Network of Environmental Taxes, Renewable Energy and Human Capital Is? [J] . Science of the Total Environment, 2021 (752) : 141853.

[18] Haijuan Yang, Xiwu Hu. Agricultural Operation Mode Selection and Development Mechanism in Ecologically Fragile Areas under the Background of China's Rural Revitalization [J] . The International Journal of Electrical Engineering & Education, 2021: 002072092098505.

[19] Nieto J, Carpintero O, Miguel LJ, et al. Macroeconomic Modelling Under Energy Constraints: Global Low Carbon Transition Scenarios [J] . Energy Policy, 2020: 137.

[20] Van Sluisveld MAE, Hof AF, Carrara S, et al. Aligning Integrated Assessment Modelling with Socio-technical Transition Insights: An Application to Low-carbon Energy Scenario Analysis in Europe [J] . Technological Forecasting and Social Change, 2020: 151.

[21] Rafique A, Williams A P. Reducing Household Greenhouse Gas Emissions from Space and Water Heating through Low-carbon Technology: Identifying Cost-effective Approaches [J] . Energy and Buildings, 2021 (248) : 111162.

［22］Sovacool B K, Lipson M M, Chard R. Temporality, Vulnerability, and Energy Justice in Household Low Carbon Innovations［J］. Energy Policy, 2019（128）: 495–504.

［23］Kai S, Cmla B. When will China Achieve its Carbon Emission Peak? A Scenario Analysis Based on Optimal Control and the STIRPAT Model［J］. Ecological Indicators, 2020（112）: 106138 .

［24］Fang K, Tang Y, Zhang Q, et al. Will China peak its Energy–related Carbon Emissions by 2030? Lessons from 30 Chinese Provinces［J］. Applied Energy, 2019（255）: 113852.

［25］Sun ZR, Liu YD, Yu YN. China's Carbon Emission Peak Pre–2030: Exploring Multi–scenario Optimal Low–carbon Behaviors for China's Regions［J］. Journal of Cleaner Production, 2019（231）: 963–979.

［26］Liu DN, Xiao BW. Can China Achieve Its Carbon Emission Peaking? A Scenario Analysis Based on STIRPAT and System Dynamics Model［J］. Ecological Indicators, 2018（93）: 647–657.

［27］柴麒敏，傅莎，温新元.基于BRIAM模型的"一带一路"国家低碳能源发展情景研究［J］.中国人口·资源与环境，2020,30（10）：1–11.

［28］Li H N, Qin Q D. Challenges for China's Carbon Emissions Peaking in 2030: A Decomposition and Decoupling Analysis［J］.Journal of Cleaner Production, 2019（207）: 857–865.

［29］Elzen M, Fekete H, Hohne N, et al. Greenhouse Gas Emissions from Current and Enhanced Policies of China until 2030: Can Emissions Peak Before 2030?［J］. Energy Policy, 2016（89）: 224–236.

［30］蒋昀辰，钟苏娟，王逸，黄贤金.全国各省域碳达峰时空特征及影响因素［J］.自然资源学报，2022，37（5）：1289 –1302.

［31］魏一鸣，余碧莹，唐葆君，等.中国碳达峰碳中和路径优化方法［J/OL］.北京理工大学学报（社会科学版）：1–15.

［32］晏清，贺超飞，郭焕修.基于区域一体化的长三角城市碳达峰实证研究［J］.世界经济与政治论坛，2022（3）：150–172.

［33］Lu C, Li W, Gao S. Driving Determinants and Prospective Prediction Simulations on Carbon Emissions Peak for China's Heavy Chemical Industry［J］. Journal of Cleaner Production, 2020（251）: 119642.

［34］Li B, Han S, Wang Y, et al. Feasibility Assessment of the Carbon Emissions Peak in China's Construction Industry: Factor Decomposition and Peak Forecast［J］.

The Science of the Total Environment, 2020（706）: 135716.

［35］Li W, Gao S. Prospective on Energy Related Carbon Emissions Peak Integrating Optimized Intelligent Algorithm with Dry Process Technique Application for China's Cement Industry［J］. Energy, 2018（165）: 33-54.

［36］Tang B, Li R, Yu B, et al. How to Peak Carbon Emissions in China's Power Sector: A Regional Perspective［J］. Energy Policy, 2018, 120: 365-381.

［37］邵帅，张曦，赵兴荣．中国制造业碳排放的经验分解与达峰路径——广义迪氏指数分解和动态情景分析［J］．中国工业经济，2017（3）：44-63.

［38］李惠民，张西，张哲瑜，等．北京市碳排放达峰路径及政策启示［J］．环境保护，2020，48（5）：24-31.

［39］韩楠，罗新宇．多情景视角下京津冀碳排放达峰预测与减排潜力［J］．自然资源学报，2022，37（5）：1277-1288.

［40］陈志建，刘月梅，刘晓，孔凡斌．经济平稳增长下长江经济带碳排放峰值研究——基于全球夜间灯光数据的视角［J］．自然资源学报，2018，33（12）：2213-2222.

［41］Chen X, Shuai C, Wu Y, et al. Analysis on the Carbon Emission Peaks of China's Industrial, Building, Transport, and Agricultural Sectors［J］. Science of The Total Environment, 2020, 709: 135768.

［42］廖为鼎，张景智，张之林，等．碳达峰进程对我国潜在经济增长率的影响［J］．金融监管研究，2023（6）：1-20.

［43］王静．碳达峰碳中和目标下现代能源供应链生态系统高质量发展研究［J］．社会科学研究，2023（4）：65-73.

［44］王少华，张雯菁．助力还是阻力？“碳达峰”压力与企业盈余持续性［J］．外国经济与管理，2023，45（6）：36-52.

［45］陈林，王佳莹，陈臻，等．中国居民收入与家庭碳达峰：基于 CGSS 数据与多项 Logit 模型［J］．中国软科学，2024（4）：166-175.

［46］张友国．实现碳达峰的需求结构效应［J］．中国工业经济，2023（3）：20-38.

［47］齐绍洲．中国式现代化视角下的碳达峰与碳中和［J］．经济评论，2022（6）：21-25.

［48］徐政，张姣玉，李宗尧．新质生产力赋能碳达峰碳中和：内在逻辑与实践方略［J］．青海社会科学，2023(6)：30-39.

［49］常原华，李戈．碳达峰背景下多种碳税返还原则的经济影响［J］．中国

人口·资源与环境，2024，34（4）：36–47.

［50］Schreyer F, Luderer G, Rodrigues R, et al. Common But Differentiated Leadership: Strategies and Challenges for Carbon Neutrality by 2050 Across Industrialized Economies［J］. Environmental Research Letters, 2020, 15（11）: 114016.

［51］Udemba E N. Nexus of Ecological Footprint and Foreign Direct Investment Pattern in Carbon Neutrality: New Insight for United Arab Emirates（UAE）［J］. Environmental Science and Pollution Research, 2021.

［52］Zhao N, You FQ. Can Renewable Generation, Energy Storage and Energy Efficient Technologies Enable Carbon Neutral Energy Transition?［J］.Appl Energy, 2020（279）: 115889.

［53］Mandova H, Patrizio P, Leduc S, et al. Achieving Carbon–neutral Iron and Steelmaking in Europe Through the Deployment of Bioenergy with Carbon Capture and Storage［J］. Journal of Cleaner Production, 2019, 218（MAY 1）: 118–129.

［54］Dahal K, Juhola S, Niemel J. The Role of Renewable Energy Policies for Carbon Neutrality in Helsinki Metropolitan area［J］. Sustainable Cities & Society, 2018（40）: 222–232.

［55］Salvia M, Reckien D, Pietrapertosa F, et al. Will Climate Mitigation Ambitions Lead to Carbon Neutrality? An Analysis of the Local–level Plans of 327 Cities in the EU［J］. Renewable and Sustainable Energy Reviews, 2021（135）: 110253.

［56］Nieuwenhuijsen M J. Urban and Transport Planning Pathways to Carbon Neutral, Liveable and Healthy Cities; A Review of the Current Evidence［J］. Environment International, 2020（140）: 105661.

［57］Baxter G. Achieving Carbon Neutral Airport Operations by 2025: The Case of Sydney Airport, Australia［J］. Transport and Telecommunication, 2021, 22（1）: 1–14.

［58］Cui Q, Li X Y. Which Airsline Should Undertake A Large Emission Reduction Allocation Proportion under the "Carbon Neutral Growth from 2020" Strategy? An Empirical Study with 27 Global Airlines［J］. Journal of Cleaner Production,2021（279）: 123745.

［59］Qiang C A, Ye L B. Will Airline Efficiency be Affected by "Carbon Neutral Growth from 2020" Strategy? Evidences from 29 International Airlines – Science-Direct［J］. Journal of Cleaner Production, 2017（164）: 1289–1300.

［60］Falk M T, Hagsten E. Time for Carbon Neutrality and Other Emission Reduction Measures at European Airports［J］. Business Strategy and the Environment,

2020, 29（3）: 1448–1464.

［61］Mallapaty S. How China Could be Carbon Neutral by Mid–century［N］. Nature. 2020,586（7830）: 482–483.

［62］Wu XD, Li CH, Shao L, et al. Is Solar Power Renewable and Carbon–neutral: Evidence from A Pilot Solar Tower Plant in China under A Systems view［J］. Renewable and Sustainable Energy Reviews, 2021（138）: 110655.

［63］Yu G, Di L, Liao X, et al. Quantitative Research on Regional Ecological Compensation from the Perspective of Carbon–Neutral: The Case of Hunan Province, China［J］. Sustainability, 2017, 9（7）: 1095.

［64］Hao X, Liu R, Xin H. Evaluation of the Potential for Operating Carbon Neutral WWTPs in China［J］. Water Research, 2015（87）: 424–431.

［65］Y Chi, Liu Z, X Wang, et al. Provincial CO_2 Emission Measurement and Analysis of the Construction Industry under China's Carbon Neutrality Target［J］. Sustainability, 2021, 13（4）: 1876.

［66］Niu D X, Wu G Q, Ji Z S, et al. Evaluation of Provincial Carbon Neutrality Capacity of China Based on Combined Weight and Improved TOPSIS Model［J］. Sustainability,2021,13（5）: 2777.

［67］李姝晓，童昀，何彪．多情景下海南省旅游业的碳达峰与碳中和预测［J］．经济地理，2023，43（6）：230–240.

［68］张友国．碳达峰、碳中和工作面临的形势与开局思路［J］．行政管理改革，2021（3）：77–85.

［69］王灿，张雅欣．碳中和愿景的实现路径与政策体系［J］. 中国环境管理，2020，12（6）：58–64.

［70］段宏波，汪寿阳．中国的碳中和：技术经济路径与政策选择［J］．管理科学学报，2024，27（2）：1–17.

［71］王韶华，成梦瑞，张伟，杨颖．数字经济对我国碳中和能力的影响研究［J］．华东经济管理，2024，38（7）：103–116.

［72］鞠荣华，刘嘉浩．碳金融赋能碳中和的机制与实现路径［J］．中南民族大学学报（人文社会科学版），2024，44（7）：134–144+186–187.

［73］钱丽，汪美鑫，肖仁桥．低碳试点政策对城市碳中和技术创新的影响及溢出效应［J/OL］．科技进步与对策：1–12［2024–11–06］．http://kns.cnki.net/kcms/detail/42.1224.G3.20240529.0849.002.html

［74］刘新建，宋中炜，吴洁．碳中和目标下能源经济系统转型：碳定价与

可再生能源政策作用有多大？［J/OL］. 中国管理科学：1–11［2024–11–06］. DoI:10.16381/j.cnki.issn1003–207x.2022.0586.

［75］靳玮，王弟海，张林. 碳中和背景下的中国经济低碳转型：特征事实与机制分析［J］. 经济研究，2022，57（12）：87–103.

［76］康佳宁，张云龙，彭淞，等. 实现碳中和目标的CCUS产业发展展望［J］. 北京理工大学学报（社会科学版），2024，26（2）：68–75.

［77］杨华磊，杨敏. 碳达峰碳中和：中国式现代化的能源转型之路［J］. 经济问题，2024（3）：1–7.

［78］靳利飞，周海东，刘芮琳. 适应碳达峰、碳中和目标的生态保护补偿机制研究——基于碳汇价值视角［J］. 中国科学院院刊，2022，37（11）：1623–1634.

［79］Drucker. The Practiceof Management［M］. New York: Harper Brothers,1954.

［80］Odiorne. Management by Objectives: A System of Managerial Leadership［M］. Pitman Publishing Corporation, 1965.

［81］罗红霞，罗欢. 西方公共部门目标管理理论发展述要［J］. 广州大学学报（社会科学版），2014，13（2）：66–71.

［82］汤临佳，Hanqing "Chevy" Fang，程聪. 民营中小企业技术研发投资的多元目标管理——“循序渐进”抑或“双管齐下”［J］. 科学学研究，2017，35（10）：1518–1526+1556.

［83］徐现祥，刘毓芸. 经济增长目标管理［J］. 经济研究，2017，52（7）：18–33.

［84］张宇. 教育现代化背景下的学校目标管理［J］. 中小学管理，2019（12）：27–29.

［85］詹新宇，刘文彬. 中国式财政分权与地方经济增长目标管理——来自省、市政府工作报告的经验证据［J］. 管理世界，2020，36（3）：23–39+77.

［86］夏晖，王思逸，蔡强. 多目标碳配额分配下的减排技术投资策略研究［J］. 系统工程理论与实践，2019，39（8）：2019–2026.

［87］费伟良，李奕杰，杨铭，等. 碳达峰和碳中和目标下工业园区减污降碳路径探析［J］. 环境保护，2021，49（8）：61–63.

［88］戴彦德，吴凡. 基于低碳转型的宏观经济情景模拟与减排策略［J］. 北京理工大学学报（社会科学版），2017，19（2）：1–8.

［89］柴麒敏，徐华清. 基于IAMC模型的中国碳排放峰值目标实现路径研究［J］. 中国人口·资源与环境，2015，25（6）：37–46.

［90］柴麒敏，傅莎，郑晓奇，等．中国重点部门和行业碳排放总量控制目标及政策研究［J］．中国人口·资源与环境，2017，27（12）：1-7.

［91］张慧，乔忠奎，许可，等．资源型城市碳排放效率动态时空差异及影响机制——以中部6省地级资源型城市为例［J］．工业技术经济，2018，37（12）：86-93.

［92］张攀．用目标管理助力中国实现碳达峰与碳中和［J］．探索与争鸣，2021（9）：26-28.

［93］许云霄，柯俊强．碳达峰、碳中和目标下的预算绩效管理研究［J］．经济与管理评论，2023，39（4）：43-53.

［94］傅伯杰，吕楠，吕一河．加强生态系统管理 助力碳中和目标实现［J］．中国科学院院刊，2022，37（11）：1529-1533.

［95］赵荣钦，黄贤金，郧文聚，等．碳达峰碳中和目标下自然资源管理领域的关键问题［J］．自然资源学报，2022，37（5）：1123-1136.

［96］杨红．柴达木盆地太阳能光伏发电产业现状分析与思考［J］．青海社会科学，2014（2）：66-69.

［97］王海波，马明国，王旭峰，等．青藏高原东缘高寒草甸生态系统碳通量变化特征及其影响因素［J］．干旱区资源与环境，2014，28（6）：50-56.

［98］庞婕，焦建玲，李兰兰．我国居民居住碳排放系统动力学分析［J］．合肥工业大学学报（自然科学版），2017，40（2）：260-265+276.

［99］陈刚，黄豁，央秀达珍．走好绿色低碳发展“新赛道”打造国家清洁能源产业新高地［N］．新华每日电讯，2024-03-10（007）.

［100］信长星．学习贯彻习近平生态文明思想　坚决扛起生态保护重大政治责任［N］．学习时报，2022-06-08（001）.

［101］王建军．让绿水青山永远成为青海的优势和骄傲［N］．人民日报，2021-06-04（009）.

［102］王建军．坚决扛起保护生态环境政治责任　为维护国家安全作出青海贡献［N］．人民日报，2020-04-21（011）.

［103］王礼宁．双碳背景下青海打造清洁能源产业高地的难点与破解路径［J］．青海社会科学，2022（4）：20-27.

［104］苏杨．在生态文明高地上率先建设国家公园产品品牌增值体系让国家公园示范省的生态产品价值实现同样形成示范［R］．青海省委政策研究室工作研究参考，2021（2）：2-13.

［105］柴麒敏．青海率先在全国实现碳中和的战略意义及可行性［R］．青海

省委政策研究室工作研究参考，2021（2）：15-27.

［106］孙发平，王礼宁．论青海实现“双碳”目标先行先试的战略导向与着力点［J］．青海社会科学，2021（6）：43-52.

［107］王淑婕，陈文捷．青海率先在全国实现碳达峰碳中和的路径思考［J］．青海党的生活，2021（4）：20-21.

［108］杨锐．青海省打造国际生态文明高地框架建议［R］．青海省委政策研究室工作研究参考，2021（2）：29-40.

［109］史培军．青海生态环境价值评估及大生态产业发展综合研究［R］．青海省委政策研究室工作研究参考，2021（2）：41-54.

［110］毛旭锋，魏晓燕，陈琼，等．基于 E_（CPS）模型的青海湟水国家湿地公园湿地恢复评估［J］．地理研究，2019，38（4）：760-771.

［111］马洪波．探索三江源生态保护与发展的新路径——UNDP-GEF 三江源生物多样性保护项目的启示［J］．青海社会科学，2017（1）：35-40.

［112］苏海红，毛江晖，李婧梅，等．习近平生态文明思想与青海生态建设实践［J］．青海社会科学，2016(5)：64-69.

［113］李双元．股份合作制生态畜牧业合作社带动牧民脱贫的经济学解释——基于梅陇、拉格日个案［J］．青海社会科学，2016（5）：22-30+82.

［114］李兴锋．我国温室气体排放总量控制法律机制探析［J］．湖南科技大学学报（社会科学版），2014，17（2）：82-87.

［115］鲁成钢，莫菲菲，陈坤．主要国家碳达峰，碳中和比较分析［J］．环境保护，2021，49（17）：89-93.

［116］李双成，张雅娟．陆地生态系统碳汇评估中的若干科学问题［J］．中国林业产业，2022，217（3）：65-77.

［117］中国林业科学研究院．森林“四库”解读：森林是碳［DB/OL］.2022-08-11［2023-03-12］. http：//www.forestry.gov.cn /lky/2809/20220811/100741589714650.html.

［118］许冬兰，宋晓敏，郭宇钦．中国海水养殖净碳汇效率的空间演进与外溢效应［J］．海洋开发与管理，2023，40（2）：56-66.

［119］OECD. Indicators to Measure Decoupling of Environmental Pressure from Economic Growth［J］. Summary Report, OECD SG/S. http: //www.olis.oecd.org/olis/2002doc.nsf/LinkTo/sg-sd，2002.

［120］黄蕾，胡西武．经济增长与能源生产碳脱钩研究［J］．青海金融，2021（11）：10-16.

［121］胡西武，黄蕾，李毅．应对气候变化下的青藏高原碳脱钩水平测度及碳达峰路径选择——以青海省为例［J］．青海社会科学，2021（5）：43–54.

［122］孙敬水，孔维飞．中国经济效率综合评价指数研究——基于东部、中部、西部地区面板数据的比较分析［J］．北京工商大学学报（社会科学版），2017，32（2）：110–119.

［123］杨佳伟，王美强．基于非期望中间产出网络 DEA 的中国省际生态效率评价研究［J］．软科学，2017，31（2）：92–97.

［124］Wyckoff AW, Roop JM. The Embodiment of Carbon in Imports of Manufactured Products: Implications for International Agreements on Greenhouse Gas Emissions［J］. Energy Policy, 1994 Mar 1; 22（3）: 187–94.

［125］Darwili A, Schröder E. On the Interpretation and Measurement of Technology-adjusted Emissions Embodied in Trade［J］. Environmental and Resource Economics, 2023 Jan; 84（1）: 65–98.

［126］邢源源，王雅婷，王雪源．国际贸易隐含碳研究进展［J］．经济学动态，2023（5）：141–160.

［127］孙雷．皖江城市带承接产业转移示范区经济 – 社会 – 环境协调发展研究［D］．中国科学技术大学博士学位论文，2020：16–18.

［128］马德帅．习近平新时代生态文明建设思想研究［D］．吉林大学博士学位论文，2019：47–68.

［129］魏超．基于生态文明理念的国土空间利用协调发展研究［D］．中国地质大学博士学位论文，2019：32–33.

［130］李忠民，姚宇，陈向涛．低碳经济的三重含义和我国的战略选择——一个低碳经济研究综述［J］．青海社会科学，2010，185（5）：26–30.

［131］庄贵阳．气候变化挑战与中国经济低碳发展［J］．国际经济评论，2007，71（5）：50–52.

［132］陈兵，朱方明，贺立龙．低碳经济的含义、特征与测评：碳排放权配置的视角［J］．理论与改革，2014，199（5）：63–68.

［133］宋梅，郝旭光，柳君波．黄河流域碳均衡时空演化特征与经济增长脱钩效应研究［J］．城市问题，2021，312（7）：91–103.

［134］闫顺利，赵红伟，尹佳佳．从“增长经济”到“稳态经济”再到“低碳经济”［J］．社会科学论坛，2010，222（18）：190–194.

［135］陈诗一．中国的绿色工业革命：基于环境全要素生产率视角的解释（1980–2008）［J］．经济研究，2010，45（11）：21–34.

［136］邵帅，范美婷，杨莉莉．经济结构调整、绿色技术进步与中国低碳转型发展——基于总体技术前沿和空间溢出效应视角的经验考察［J］．管理世界，2022，38（2）：46-69.

［137］Aigner D, Lovell C A K, Schmidt P. Formulation and Estimation of Stochastic Frontier Production Function Models［J］.Journal of Econometrics,1977,6（1）: 21-37.

［138］支道隆．核算全要素生产率［J］．统计研究，1997（3）：45-48.

［139］支道隆．试议以全要素生产率作为我国宏观经济效益指标［J］．国际经贸研究，1998，7（1）：57-60.

［140］加快发展新质生产力扎实推进高质量发展［J］．人民之声，2024（2）：1.

［141］何培培，张俊飚，何可，等．农业生产何以存在低碳效率幻觉？——来自 1997-2016 年 31 个省份面板数据的证据［J］．自然资源学报，2020，35（9）：2205-2217.

［142］朱传耿，张纯敏，仇方道，等．基于低碳经济的徐州都市圈工业结构转型与布局优化［J］．经济地理，2017，37（10）：126-135.

［143］查建平．旅游业能源消费、CO_2 排放及低碳效率评估［J］．中国人口·资源与环境，2016，26（1）：47-54.

［144］陆大道．地区合作与地区经济协调发展［J］．地域研究与开发，1997（1）：45-48.

［145］彭荣胜．区域经济协调发展内涵的新见解［J］．学术交流，2009，180（3）：101-105.

［146］覃成林，张华，毛超．区域经济协调发展：概念辨析、判断标准与评价方法［J］．经济体制改革，2011，169（4）：34-38.

［147］张可云．新发展格局下区域协调发展战略的调整［DB/OL］．（2021-03-16）［2023-03-12］．https://www.thepaper.cn/newsDetail_forward_10810887.

［148］成长春．长江经济带协调性均衡发展的战略构想［J］．南通大学学报（社会科学版），2015，31（1）：1-8.

［149］孟越男，徐长乐．区域协调性均衡发展理论的指标体系构建［J］．南通大学学报（社会科学版），2020，36（1）：32-41.

［150］曲越，秦晓钰，黄海刚，等．碳达峰碳中和的区域协调：实证与路径［J］．财经科学，2022（1）：55-70.

［151］段华平，张悦，赵建波，等．中国农田生态系统的碳足迹分析［J］．水土保持学报，2011，25（5）：203-208.

［152］于克伟，陈冠雄，杨思河，等．几种旱地农作物在农田 N_2O 释放中的

作用及环境因素的影响［J］. 应用生态学报，1995（4）：387-391.

［153］王少彬，苏维瀚 . 中国地区氧化亚氮排放量及其变化的估算［J］. 环境科学，1993（3）：42-46+92-93.

［154］熊正琴，邢光熹，鹤田治雄，等 . 种植夏季豆科作物对旱地氧化亚氮排放贡献的研究［J］. 中国农业科学，2002（9）：1104-1108.

［155］邱炜红，刘金山，胡承孝，等 . 种植蔬菜地与裸地氧化亚氮排放差异比较研究［J］. 生态环境学报，2010，19（12）：2982-2985.

［156］王智平 . 中国农田 N_2O 排放量的估算［J］. 农村生态环境，1997（2）：52-56.

［157］郝小雨 . 基于碳足迹的黑龙江垦区农业生态系统碳源 / 汇时空变化［J］. 中国农业资源与区划，2022，43（8）：64-73.

［158］黄蓓佳，崔航，宋嘉玲，等 . 上海市建筑碳排放核算研究［J］. 上海理工大学学报，2022，44（4）：343-350.

［159］吴常艳，黄贤金，揣小伟，等 . 基于 EIO-LCA 的江苏省产业结构调整与碳减排潜力分析［J］. 中国人口·资源与环境，2015，25（4）：43-51.

［160］Chen J, Fan W, Li D, et al. Driving Factors of Global Carbon Footprint Pressure: Based on Vegetation Carbon Sequestration［J］. Applied Energy, 2020（267）: 1-11.

［161］张庆阳 . 国际社会应对气候变化发展动向综述［J］. 中外能源，2015，20（8）：1-9.

［162］习近平 . 携手构建合作共赢、公平合理的气候变化治理机制［N］. 人民日报，2015-12-01（02）.

［163］陈永森，陈云 . 习近平关于应对全球气候变化重要论述的理论意蕴及重大意义［J］. 马克思主义与现实，2021（6）：18-25+195.

［164］青海全面推进“生态立省”战略［N/OL］. 中央政府门户网站，［2014-12-09］. https：//www.gov.cn/xinwen/ 2014-12/09/content_2788993.htm.

［165］胡鞍钢 . 中国实现 2030 年前碳达峰目标及主要途径［J］. 北京工业大学学报（社会科学版），2021，21（3）：1-15.

［166］习近平在中共中央政治局第三十六次集体学习时强调　深入分析推进碳达峰碳中和工作面临的形势任务　扎扎实实把党中央决策部署落到实处［N］. 人民日报，2022-01-26（01）.

［167］毛军吉，刘意 . 积极稳妥推进碳达峰碳中和［N］. 光明日报，2023-12-06（06）.

［168］习近平主持召开中央财经委员会第九次会议强调 推动平台经济规范健康持续发展把碳达峰碳中和纳入生态文明建设整体布局［N］. 人民日报，2021-03-16（1）.

［169］信长星 . 坚定不移沿着习近平总书记指引的方向前进奋力谱写全面建设社会主义现代化国家的青海篇章［N］. 青海日报，2022-06-06（001）.

［170］李江宁 . 青海十年林草生态建设取得显著成效［N/OL］. 中国新闻网，［2022-09-23］. http：//www.chinanews.com.cn/cj/2022/09-23/9859196.shtml.

［171］胡西武，黄蕾，李毅 . 应对气候变化下的青藏高原碳脱钩水平测度及碳达峰路径选择——以青海省为例［J］. 青海社会科学，2021（5）：43 -54.

［172］青海省人民政府关于印发青海省碳达峰实施方案的通知［N/OL］. 搜狐网，［2022-12-22］. https：//www.sohu.com/a/620142300_121106869.

［173］碳达峰碳中和表面看是一个气候问题，但本质是发展问题［N］. 中国改革报，2022-05-17. https：//m.thepaper.cn/baijiahao_18135590.

［174］邵帅，张曦，赵兴荣 . 中国制造业碳排放的经验分解与达峰路径——广义迪氏指数分解和动态情景分析［J］. 中国工业经济，2017（3）：44-63.

［175］许晓冬，刘金晶 . 基于熵值 -PLS 的营商环境建设动态及影响因素分析［J］. 商业研究，2021（4）：10-16.

［176］王晓芳，杨永健 . 外汇储备、黄金储备和国际负债对人民币国际化的影响——基于 VAR 模型的实证分析［J］. 经济问题探索，2021（8）：94-104.

［177］胡向东，王济民 . 中国畜禽温室气体排放量估算［J］. 农业工程学报，2010，26（10）：247-252.

［178］Hao L N, Umar M, Khan Z, et al. Green Growth and Low Carbon Emission in G7 Countries: How Critical the Network of Environmental Taxes, Renewable Energy and Human Capital is?［J］. Science of the Total Environment, 2021（752）: 141853.

［179］中国建筑能耗与碳排放研究报告（2022 年）［J］. 建筑，2023,970（2）: 57-69.

［180］Zhou N, Khanna n, Feng W, et al. Scenarios of Energy Efficiency and CO_2 Emissions Reduction Potential in the Buildings Sector in China to Year 2050［J］. Nature Energy,2018,3（11）: 978-984.

［181］曲英，雷震，刘越 . 辽宁省行业隐含碳排放及碳减排潜力分析——基于产业结构分析视角［J］. 科技管理研究，2017，37（24）：241-247.

［182］王家明，张云菲，李明晖，等 . 山东省资源型城市产业结构调整与碳减排潜力研究［J］. 中国矿业，2022，31（6）：58-68.

[183] 刘燕华，葛全胜，何凡能，等．应对国际 CO_2 减排压力的途径及我国减排潜力分析［J］．地理学报，2008（7）：675-682.

[184] 吴楠，陈凝，程鹏，等．安徽省陆地生态系统碳储量变化对未来土地覆被情景的响应［J］．长江流域资源与环境，2023，32（2）：415-426.

[185] Zhang M, Huang X, Chuai X, et al. Impact of Land use Type Conversion on Carbon Storage in Terrestrial Ecosystems of China: A Spatial-temporal Perspective [J]. Scientific Reports, 2015, 5 (1): 10233.

[186] 刘和斌，母梅，牟翠翠，等．IPCC 第六次评估报告解读：北半球多年冻土碳的观测结果和预估［J］．冰川冻土，2023，45（2）：318-326.

[187] 贾天朝，胡西武．基于 PLUS-InVEST-Geodector 模型的三江源国家公园碳储量时空变化及驱动力［J］．环境科学，2024，45（10）：5931-5942.

[188] 傅伯杰，欧阳志云，施鹏，等．青藏高原生态安全屏障状况与保护对策［J］．中国科学院院刊，2021，36（11）：1298-1306.

[189] 陈发虎，汪亚峰，甄晓林，等．全球变化下的青藏高原环境影响及应对策略研究［J］．中国藏学，2021（4）：21-28.

[190] 中华人民共和国青藏高原生态保护法［N］．人民日报，2023-04-28（015）.

[191] 孙鸿烈，郑度，姚檀栋，等．青藏高原国家生态安全屏障保护与建设［J］．地理学报，2012，67（1）：3-12.

[192] 陈德亮，徐柏青，姚檀栋，等．青藏高原环境变化科学评估：过去、现在与未来［J］．科学通报，2015，60（32）：3025-3035+1-2.

[193] 樊杰，钟林生，李建平，等．建设第三极国家公园群是西藏落实主体功能区大战略、走绿色发展之路的科学抉择［J］．中国科学院院刊，2017，32（9）：932-944.

[194] 胡西武，贾天朝．基于生态敏感性与景观连通性的三江源国家公园生态安全格局构建与优化［J］．长江流域资源与环境，2023，32（8）：1724-1735.

[195] 高明森，刘娜．青海建设三江源碳汇功能区研究［J］．攀登，2016，35（5）：101-104.

[196] 贾天朝，胡西武，张娜娜．三江源国家公园生态安全评价及障碍因子研究［J］．河北环境工程学院学报，2023，33（1）：48-54.

[197] Liang X, Guan Q, Clarke K C, et al. Understanding the Drivers of Sustainable Land Expansion Using A Patch-generating Land Use Simulation (PLUS) Model: A Case Study in Wuhan, China [J]. Computers, Environment and Urban Systems, 2021 (85): 101569.

[198] 李琛，高彬嫔，吴映梅，等．基于 PLUS 模型的山区城镇景观生态风险

动态模拟［J］. 浙江农林大学学报，2022，39（1）：84-94.

［199］喇蕗梦，勾蒙蒙，李乐，等. 三峡库区生态系统服务权衡时空动态与情景模拟：以秭归县为例［J］. 生态与农村环境学报，2021，37（11）：1368-1377.

［200］曹鹏辉，齐晓明，杨雯，等. 内蒙古土地利用多情景模拟与碳储量预测分析［J］. 干旱区资源与环境，2023，37（9）：83-90.

［201］糜毅，李涛，吴博，等. 基于优化模拟的长株潭 3+5 城市群碳储量时空演变与预测［J］. 环境工程技术学报，2023，13（5）：1740-1751.

［202］孙方虎，方凤满，洪炜林，等. 基于 PLUS 和 InVEST 模型的安徽省碳储量演化分析与预测［J］. 水土保持学报，2023，37（1）：151-158.

［203］曹鹏辉，齐晓明，杨雯，等. 内蒙古土地利用多情景模拟与碳储量预测分析［J］. 干旱区资源与环境，2023，37（9）：83-90.

［204］朱文博，张静静，崔耀平，等. 基于土地利用变化情景的生态系统碳储量评估——以太行山淇河流域为例［J］. 地理学报，2019，74（3）：446-459.

［205］李克让，王绍强，曹明奎. 中国植被和土壤碳贮量［J］. 中国科学（D辑：地球科学），2003（1）：72-80.

［206］解宪丽，孙波，周慧珍，等. 中国土壤有机碳密度和储量的估算与空间分布分析［J］. 土壤学报，2004（1）：35-43.

［207］朱超，赵淑清，周德成. 1997-2006 年中国城市建成区有机碳储量的估算［J］. 应用生态学报，2012，23（5）：1195-1202.

［208］张杰，李敏，敖子强，等. 中国西部干旱区土壤有机碳储量估算［J］. 干旱区资源与环境，2018，32（9）：132-137.

［209］陈光水，杨玉盛，刘乐中，等. 森林地下碳分配（TBCA）研究进展［J］. 亚热带资源与环境学报，2007（1）：34-42.

［210］Alam S A, Starr M, Clark B J F. Tree Biomass and Soil Organic Carbon Densities Across the Sudanese Woodland Savannah: A Regional Carbon Sequestration Study［J］. Journal of Arid Environments, 2013（89）: 67-76.

［211］王劲峰，徐成东. 地理探测器：原理与展望［J］. 地理学报，2017，72（1）：116-134.

［212］王成武，罗俊杰，唐鸿湖. 基于 InVEST 模型的太行山沿线地区生态系统碳储量时空分异驱动力分析［J］. 生态环境学报，2023，32（2）：215-225.

［213］张宏思，陈之光，张翔，等. 1977-2017 年三江源区植被固碳量及影响因素评估［J］. 南开大学学报（自然科学版），2021，54（4）：87-100+107.

［214］张继平，刘春兰，郝海广，等. 基于 MODIS GPP/NPP 数据的三江源

地区草地生态系统碳储量及碳汇量时空变化研究［J］. 生态环境学报，2015，24（1）：8-13.

［215］张重，龚健，李靖业，等. 基于信息量模型的三江源东部草地退化易发性评价——以青海省果洛州为例［J］. 资源科学，2022，44（3）：464-479.

［216］Maghbouli, Mahnaz, Alireza Amirteimoori, et al. Two-stage Network Structures with Undesirable Outputs: A DEA Based Approach［J］. Measurement 2014（48）：109-118.

［217］张军，吴桂英，张吉鹏. 中国省际物质资本存量估算：1952-2000［J］. 经济研究，2004（10）：35-44.

［218］王兵，吴延瑞，颜鹏飞. 中国区域环境效率与环境全要素生产率增长［J］. 经济研究，2010，45（5）：95-109.

［219］林伯强，刘泓汛. 对外贸易是否有利于提高能源环境效率——以中国工业行业为例［J］. 经济研究，2015，50（9）：127-141.

［220］丁凡琳，陆军，赵文杰. 中国省际产业转移对碳效率的影响分析［J］. 经济问题探索，2022（12）：100-113.

［221］李德山，徐海锋，张淑英. 金融发展、技术创新与碳排放效率：理论与经验研究［J］. 经济问题探索，2018（2）：169-174.

［222］郑宝华，刘东皇. 我国区域间低碳经济效率影响因素分析［J］. 统计与决策，2017，488（20）：144-146.

［223］何枫，杨超. 中国省际环境规制对 AQI 环境效率的影响研究［J］. 东岳论丛，2023（1）：44-55.

［224］钟业喜，吕科可. 长江经济带城市投入产出效率空间格局及影响因素分析［J/OL］. 重庆大学学报（社会科学版）：1-15［2023-03-08］.

［225］孙浩，郭劲光. 环境规制和产业集聚对能源效率的影响与作用机制：基于空间效应的视角［J］. 自然资源学报，2022，37（12）：3234-3251.

［226］油建盛，蒋兵，董会忠. 环境规制和工业集聚对能源生态效率的影响［J］. 统计与决策，2022，38（15）：82-87.

［227］林丽梅，赖永波，谢锦龙，等. 环境规制对城市绿色发展效率的影响——基于超效率 EBM 模型和系统 GMM 模型的实证分析［J］. 南京工业大学学报（社会科学版），2022，21（5）：102-114.

［228］姚进才，袁晓玲. 黄河流域城市群绿色经济效率区域差异及收敛性研究［J］. 贵州社会科学，2023，97（1）：134-143.

［229］者彩虹，韩燕. 黄河流域绿色发展效率时空分异与空间驱动［J］. 统

计与决策，2022，38（21）：87–92.

［230］付子昊，景普秋．地方政府治理能力、产业结构转型与能源消耗［J］．统计与决策，2022，38（10）：162–166.

［231］郭一鸣，蔺雪芹，王岱．中国城市能源效率空间演化特征及影响因素——基于两阶段 Super SBM 的分析［J］．地域研究与开发，2020，39（2）：8–13.

［232］严成樑，李涛，兰伟．金融发展、创新与二氧化碳排放［J］．金融研究，2016，427（1）：14–30.

［233］陈科．绿色信贷市场中的主体行为选择——基于三方博弈均衡视角［J］．上海金融，2019（11）：80–82+87.

［234］杜志平，区钰贤．基于三方演化博弈的跨境物流联盟信息协同机制研究［J］．中国管理科学，2023，31（4）：228–238.

［235］何奇龙，唐娟红，罗兴，等．政企农协同治理农业面源污染的演化博弈分析［J］．中国管理科学，2023，31（7）：202–213.

［236］王仁超，陈宏运，等．长江大保护工程建设主体策略选择演化博弈研究［J］．水资源与水工程学报，2023，34（1）：110–120.

［237］王菲菲．青海省全力推动绿色低碳循环经济发展［N］．青海日报，2023–11–14（001）.

［238］段雍．关于加快推进青海绿色低碳优势产业实现清洁能源高质量发展的建议［N］．青海省人大常务委员会，2023–05–08.https：//www.qhrd.gov.cn/yajy/202305/t20230508_211494.html.

［239］青海省生态资产总价值达 18.39 万亿元［N］．青海省林业局，2016–06–08. https：//lcj.qinghai.gov.cn/xwdt/zxyw/content_1973.

［240］赵晓娜，杜瑾．三江源国家公园牧民生计与生态保护［J］．边疆经济与文化，2020（3）：16–20.

［241］李明，吕潇俭．国内外国家公园原住居民生计研究对三江源国家公园建设的启示［N］．人民网，2030–04–27. http：// qh.people.com.cn/n2/2020/0427/c182775–33979438.html.

［242］赛杰奥．社区参与：三江源国家公园生态保护与生计和谐发展的新篇章［N/OL］．网易新闻，2021–12–22. https：//www.163.com/dy/article/GRQQA2H30512TRKA. html.

［243］洪群联．我国产业链供应链绿色低碳化转型研究［J］．经济纵横，2023（9）：56–66.

［244］刘垠．中央财政去年安排支持绿色低碳发展资金约 3500 亿元［N］．

科技日报，2022-05-31（003）.

［245］全世界已经有 49 个国家的碳排放实现达峰［EB/OL］. 新浪财经，2020-12-15. https：//finance.sina.com.cn/ esg/ep/2020-12-15/doc-iiznctke6622376.shtml.

［246］胡晓红 ."双碳"目标实现的国内法治与国际法治协调路径研究——以碳排放交易机制为视角［J］. 政法论丛，2023（4）：102-114.

［247］俞立平，周朦朦，张运梅 . 基于政策工具和目标的碳减排政策文本量化研究［J］. 软科学，2023，37（10）：61-69.

［248］张友国 . 碳达峰、碳中和工作面临的形势与开局思路［J］. 行政管理改革，2021（3）：77-85.

［249］姜楠楠，陈少强 ."双碳"目标下绿色财政支出政策研究［J］. 新理财（政府理财），2023（12）：28-29.

［250］俄乌冲突加大温室气体排放［N/OL］. 参考消息，2024-06-19. https://www.cankaoxiaoxi.com/#/details Page/%20/e0c12a12b005404999848e715c21020c/1/2024-06-19%2009: 34? childrenAlias=undefined.

［251］陈少强，覃凤琴，戴琳，等 . 贸易环境不确定性对新能源企业成本的影响［J］. 财政科学，2024（3）：69-79.

［252］王娟丽，马永喜，辛雅儒，等 . 关税措施对农业能源使用和碳排放的影响——以中美贸易摩擦为例［J］. 生态经济，2024，40（2）：124-132.

［253］丁怡婷 . 加快形成能源节约型社会［N］. 人民日报，2021-08-10(002).

［254］吴金群，梅乐怡 . 我国实现碳中和愿景的挑战与对策［J］. 中南民族大学学报（人文社会科学版），2022，42（9）：132-138+186.

［255］张友国 . 碳达峰、碳中和工作面临的形势与开局思路［J］. 行政管理改革，2021（03）：77-85.

［256］中国能源网 . 煤电和煤炭转型的就业影响［EB/OL］.［2022-11-26］https://www.china5e.com/news/news-1096565-1.html.

［257］陈涛 . 环境治理的社会学研究：进程、议题与前瞻［J］. 河海大学学报（哲学社会科学版），2020，22（1）：53-62+107.

［258］刘凤，曾永年 . 2000—2015 年青海高原植被碳源 / 汇时空格局及变化［J］. 生态学报，2021，41（14）：5792-5803.

［259］Andrews K R. A Concept of Corporate Strategy［J］. Homewood, IL: Dow Jones-Irwin, 1971.

［260］Saaty T L，Vargas L G. Hierarchical Analysis of Behavior in Oompetition: Prediction in Chess［J］. Behavioral Science, 1980, 25(3): 180-191.

附 录

附录一 青海省各市（州）经济系统与生态系统效率

附表一 2001~2020 年青海省各市（州）经济系统净碳效率值

年份	西宁	海东	海北	黄南	海南	果洛	玉树	海西
2001	0.0284	0.1054	0.3318	0.2966	0.2991	1.0000	0.4180	0.0770
2002	0.0281	0.1031	0.2936	0.3136	0.2953	1.0000	0.5616	0.0791
2003	0.0334	0.1014	0.2819	0.2863	0.2933	0.5265	0.5224	0.0856
2004	0.0330	0.0966	0.2629	0.3362	0.1951	1.0000	0.4843	0.0806
2005	0.0309	0.1100	0.2489	0.3273	0.1999	0.4182	0.4650	0.0791
2006	0.0250	0.0923	0.2233	0.2969	0.1888	0.4247	0.6155	0.0716
2007	0.0231	0.0970	0.2110	0.2810	0.1838	0.3562	0.4110	0.0669
2008	0.0214	0.0930	0.2041	0.2777	0.1718	0.3928	0.4519	0.0649
2009	0.0163	0.0727	0.1669	0.2446	0.1372	0.3532	0.4648	0.0495
2010	0.0146	0.0667	0.1533	0.2327	0.1424	0.3604	0.7934	0.0467
2011	0.0194	0.0908	0.2415	0.3287	0.2016	1.0000	0.8036	0.0498
2012	0.0177	0.0843	0.2659	0.3567	0.1951	0.6578	1.0000	0.0405
2013	0.0155	0.0628	0.2210	0.3172	0.1666	1.0000	0.5883	0.0271
2014	0.0146	0.0534	0.2470	0.2705	0.1754	0.7023	0.3852	0.0243
2015	0.0101	0.0482	0.2033	0.2382	0.1803	0.3992	0.3643	0.0230
2016	0.0093	0.0456	0.2271	0.2012	0.1673	0.3844	0.3676	0.0221
2017	0.0086	0.0494	0.2222	0.1997	0.1583	0.3523	0.3552	0.0205

续表

年份	西宁	海东	海北	黄南	海南	果洛	玉树	海西
2018	0.0084	0.0485	0.2376	0.2075	0.1410	0.3431	0.3131	0.0204
2019	0.0082	0.0408	0.2189	0.2178	0.1386	0.2953	0.3001	0.0191
2020	0.0080	0.0343	0.2003	0.2329	0.1556	0.2687	0.2877	0.0189
年均	0.0187	0.0748	0.2331	0.2732	0.1893	0.5618	0.4976	0.0483

附表二　2001~2020 年青海省各市州生态系统净碳效率值

年份	西宁	海东	海北	黄南	海南	果洛	玉树	海西
2001	0.0046	0.0223	0.1541	0.1084	0.1562	0.5930	0.8745	0.0306
2002	0.0049	0.0252	0.1700	0.1146	0.1806	0.6476	1.0000	0.0365
2003	0.0041	0.0199	0.1324	0.1046	0.1538	0.7102	0.6806	0.0293
2004	0.0035	0.0204	0.1251	0.0925	0.1314	1.0000	0.7907	0.0256
2005	0.0035	0.0181	0.1179	0.0873	0.0985	0.6266	0.4424	0.0284
2006	0.0033	0.0174	0.1168	0.1099	0.1056	0.7863	1.0000	0.0280
2007	0.0031	0.0172	0.0982	0.0970	0.0824	0.6659	0.3887	0.0212
2008	0.0021	0.0159	0.0734	0.0795	0.0641	0.4877	0.2492	0.0190
2009	0.0025	0.0134	0.0652	0.0899	0.0582	0.4458	0.3577	0.0166
2010	0.0019	0.0110	0.0550	0.0734	0.0573	0.3197	1.0000	0.0178
2011	0.0016	0.0132	0.0604	0.1170	0.0727	0.3473	0.2794	0.0154
2012	0.0015	0.0116	0.0464	0.0940	0.0591	0.3097	0.5855	0.0139
2013	0.0013	0.0087	0.0418	0.0869	0.0514	0.3845	0.2753	0.0149
2014	0.0015	0.0081	0.0525	0.0982	0.0455	0.2912	0.2067	0.0166
2015	0.0015	0.0067	0.0501	0.0871	0.0399	0.2970	0.2017	0.0196
2016	0.0016	0.0073	0.0569	0.1119	0.0429	0.3746	0.2748	0.0210
2017	0.0020	0.0074	0.0866	0.1125	0.0485	0.3936	0.2568	0.0214
2018	0.0024	0.0082	0.0852	0.1011	0.0503	0.3800	0.4431	0.0229
2019	0.0023	0.0078	0.0887	0.0716	0.0434	0.3085	0.3461	0.0187
2020	0.0019	0.0071	0.0775	0.0576	0.0403	0.2680	0.3481	0.0194
年均	0.0026	0.0133	0.0877	0.0947	0.0791	0.4819	0.5001	0.0218

附录二 《青海省科学有序推进碳达峰碳中和可行性评价体系》专家咨询函

尊敬的专家：

您好！

现就《青海省科学有序推进碳达峰碳中和可行性评价体系》各指标的相对重要性征求您的意见。请您根据自身实践与工作经验，通过指标间的两两比较，对其重要程度进行评价并赋予相应分值。赋值标准为：前一个因素对后一个因素的重要性，1 表示同等重要，3 表示稍微重要，5 表示比较重要，7 表示明显重要，9 表示绝对重要；1/3 表示稍微次要，1/5 表示比较次要，1/7 表示明显次要，1/9 表示绝对次要（如下表所示）。

序号	重要性等级	B_{ij} 赋值
1	第 i 个因素比第 j 个因素同等重要	1
2	第 i 个因素比第 j 个因素稍微重要	3
3	第 i 个因素比第 j 个因素比较重要	5
4	第 i 个因素比第 j 个因素明显重要	7
5	第 i 个因素比第 j 个因素绝对重要	9
6	第 i 个因素比第 j 个因素稍微次要	1/3
7	第 i 个因素比第 j 个因素比较次要	1/5
8	第 i 个因素比第 j 个因素明显次要	1/7
9	第 i 个因素比第 j 个因素绝对次要	1/9

例如，下表中是影响健康的三个因素比较，其中“5”“B_1（不良嗜好）比 B_2（不锻炼身体）比较重要”；“1/7”“B_2（不锻炼身体）比 B_3（饮食不规律）明显次要”；右上的“1”“B_1（不良嗜好）和 B_3（饮食不规律）同等重要”；表中“—”不用打分。

j因素 / i因素	B_1（不良嗜好）	B_2（不锻炼身体）	B_3（饮食不规律）
B_1（不良嗜好）	1	5	1
B_2（不锻炼身体）	—	1	1/7
B_3（饮食不规律）	—	—	1

本次评分分为两个层次：首先对青海省科学有序推进碳达峰碳中和的优势（Strengths）、劣势（Weaknesses）、机遇（Opportunities）、挑战（Threats）四个准则层的重要性进行评分，其次分别就20个方面的指标层逐一评分，共有5道大题。最后，祝您工作顺利，谢谢！

2023年10月5日

青海省科学有序推进碳达峰碳中和可行性评价体系

目标层	准则层	指标层
青海省科学有序推进碳达峰碳中和可行性	S（内部优势）	S_1 青海省碳排放量近年来呈下降趋势
		S_2 青海省碳汇储量大
		S_3 青海省清洁能源占比高
		S_4 青海省绿色低碳产业转型取得积极成效
		S_5 青海省生态文明建设体制初步形成
	W（内部劣势）	W_1 青海省高能耗高排放项目有一定比例
		W_2 青海省碳排放强度仍然较高
		W_3 青海省绿色低碳产业支撑力不足
		W_4 青海省生态产品价值转化机制尚不健全
		W_5 农牧民生计对资源的依赖性仍然较高
	O（外部机遇）	O_1 世界各国积极推动碳达峰碳中和
		O_2 我国已建立了“1+N”“双碳”政策体系
		O_3 我国已建立碳交易市场体系
		O_4 中央转移支付对双碳的投入较大
		O_5 发达地区已有碳达峰碳中和成功经验
	T（外部挑战）	T_1 局部地区军事冲突导致全球“双碳”发展前景不确定
		T_2 对外贸易环境不确定导致国际“双碳”合作出现曲折
		T_3 我国实现“双碳”目标的科学技术支撑能力相对薄弱
		T_4 国内碳达峰碳中和的体制机制尚不完善
		T_5 社会风险对“双碳”进程的潜在影响不容忽视

填表从此处开始：

一、青海省科学有序推进碳达峰碳中和可行性评价体系准则层重要性评价

j 因素 i 因素	S（内部优势）	W（内部劣势）	O（外部机遇）	T（外部挑战）
S（内部优势）	1			
W（内部劣势）	—	1		
O（外部机遇）	—	—	1	
T（外部挑战）	—	—	—	—

二、青海省科学有序推进碳达峰碳中和可行性评价体系指标层重要性评价

1. 指标层判断矩阵——内部优势（S）

j 因素 i 因素	S_1（青海省碳排放量呈下降趋势）	S_2（青海省碳汇储量大）	S_3（青海省清洁能源占比高）	S_4（青海省绿色低碳产业转型取得积极成效）	S_5（青海省生态文明建设体制初步形成）
S_1（青海省碳排放量近年来呈下降趋势）	1				
S_2（青海省碳汇储量大）	—	1			
S_3（青海省清洁能源占比高）	—	—	1		
S_4（青海省绿色低碳产业转型取得积极成效）	—	—	—	1	
S_5（青海省生态文明建设体制初步形成）	—	—	—	—	1

2. 指标层判断矩阵——内部劣势（W）

j因素 i因素	W_1（青海省高能耗高排放项目有一定比例）	W_2（青海省碳排放强度仍然较高）	W_3（青海省绿色低碳产业支撑力不足）	W_4（青海省生态产品价值转化机制尚不健全）	W_5（农牧民生计对资源的依赖性仍然较高）
W_1（青海省高能耗高排放项目有一定比例）	1				
W_2（青海省碳排放强度仍然较高）	—	1			
W_3（青海省绿色低碳产业支撑力不足）	—	—	1		
W_4（青海省生态产品价值转化机制尚不健全）	—	—	—	1	
W_5（农牧民生计对资源的依赖性仍然较高）	—	—	—	—	1

3. 指标层判断矩阵——外部机遇（O）

j因素 i因素	O_1（世界各国积极推动碳达峰碳中和）	O_2（我国已建立了“1+N”双碳政策体系）	O_3（我国已建立碳交易市场体系）	O_4（中央转移支付对“双碳”的投入较大）	O_5（发达地区已有碳达峰碳中和成功经验）
O_1（世界各国积极推动碳达峰碳中和）	1				
O_2（我国已建立了“1+N”“双碳”政策体系）	—	1			
O_3（我国已建立碳交易市场体系）	—	—	1		
O_4（中央转移支付对双碳的投入较大）	—	—	—	1	
O_5（发达地区已有碳达峰碳中和成功经验）	—	—	—	—	1

4. 指标层判断矩阵——外部挑战（T）

j 因素 i 因素	T_1（局部地区军事冲突导致全球“双碳”发展前景不确定）	T_2（对外贸易环境不确定导致国际“双碳”合作出现曲折）	T_3（我国实现“双碳”目标的科学技术支撑能力相对薄弱）	T_4（国内碳达峰碳中和的体制机制尚不完善）	T_5（社会风险对“双碳”进程的潜在影响不容忽视）
T_1（局部地区军事冲突导致全球“双碳”发展前景不确定）	1				
T_2（对外贸易环境不确定导致国际“双碳”合作出现曲折）	—	1			
T_3（我国实现“双碳”目标的科学技术支撑能力相对薄弱）	—	—	1		
T_4（国内碳达峰碳中和的体制机制尚不完善）	—	—	—	1	
T_5（社会风险对“双碳”进程的潜在影响不容忽视）	—	—	—	—	1

附录三　青海省推进碳达峰碳中和典型案例①

一、青海零碳产业园区

青海零碳产业园区位于海东市，与甘肃省接壤，是东部地区、中西部地区进入青海省的第一站。园区规划总面积 22.09 平方千米，建设用地 12.35 平方千米，南北长约 11 千米，东西宽约 1.5 千米。园区以“双碳”为目标、产业“四地”建设为指引，深度融入国家“一带一路”建设和兰西城市群发展战略，率先建成集能源供应、产业发展、碳排放管理于一体的零碳技术集聚区和先行示范区，打造东西部协作新典范，开拓西部地区低碳绿色发展新路径。园区总体定位为：零碳先锋谷地，智慧科技园区；国家清洁能源产业高地；省级零碳技术集聚区和先行园区；青海产业“四地”建设示范园区和新的增长极；西宁—海东一体化创新发展引领区；河湟新区产业动能策源地。园区以绿电为基础，以发展零碳产业为核心，形成“4+1”产业体系，即打造“以锂体系为主的电化学电池产业”“以光、风、氢能为主的新能源多能融合产业”“绿色有机农畜产品精深加工业”“基于绿电能源利用的大数据科技低碳产业”四大主导产业以及“支持零碳产业发展的生产性服务业”配套产业。

二、盐湖股份公司开拓高效低碳循环利用新路径

青海盐湖工业股份有限公司（以下简称盐湖股份）以高科技手段为支撑，实现通过循环再利用减少“三废”排放、降本增效和绿色生产的目标，开拓盐湖产业发展道路高效、低碳、循环利用新路径。该公司坚持“以钾为主、综合利用、循环经济”，从单一的钾肥向化肥产业、新材料、精细化工等多重跨越，突破了高镁钾比卤水提锂的世界性难题。公司钾肥生产能力达到 500 万吨 / 年，产能位

① 此案例由本课题组成员收集整理，已被编入《积极稳妥推进碳达峰碳中和青海干部教育培训十讲》（李广斌、张林江主编，孙发平、胡西武等副主编），中共中央党校出版社出版，2023 年 12 月出版。

列全球第四位；生产能力达到3万吨/年，卤水提锂产能位列全国第一。自主研发低品位固体钾矿的浸泡式溶解转化技术，将钾盐工业品位由8%降低至2%，打破了国际上要求氯化钾含量达17%可采资源的概念。拥有年产3万吨碳酸锂产能，卤水提锂产能全国最大。在制取生产氯化钾原料光卤石过程中，利用察尔汗充足的太阳能和丰富的风能，采用大面积摊晒的方式，仅盐田系统利用太阳能蒸发每年可节约燃煤近2000万吨，减少二氧化碳排放5240万吨、二氧化硫排放17万吨、氮氧化物排放14.80万吨。

三、创造全省连续35天全清洁能源供电新纪录

青海省于2022年6月25日至7月29日创造了连续35天全清洁能源供电的新纪录。从2017年开始，青海省连续开展了“绿电7日”“绿电9日”“绿电15日”“绿电三江源百日”暨全省绿电31天、“绿电7月在青海”、“绿电五周”一系列活动，不断刷新了全清洁能源供电的世界纪录。据统计，“绿电三江源百日”期间，青海省用电量60.37亿千瓦·时，相当于减少燃煤消耗274.41万吨，减少二氧化碳排放493.93万吨。清洁能源除满足省内供电外，还跨省外送河南等8个省（直辖市）32.5亿千瓦·时。

四、青海智慧旅游大数据平台初步建立

从2016年起，青海省为实现全省旅游管理信息化、旅游宣传网络化、旅游服务便捷化，整合信息资源、完善智慧旅游体系，推动建设青海省智慧旅游大数据平台，围绕游客游前、游中、游后需求，让游客畅享信息查询、预订支付、电子门票等全功能服务，倒逼线下服务质量提升、产品结构优化、旅游秩序改善。目前，青海旅游大数据平台已初步建立。青海省级旅游指挥中心和大数据平台，包括“一系统、两中心、三平台，即大数据分析系统、旅游云数据和应急指挥中心，市场监管和公共服务平台建成上线”。青海旅游大数据平台的建立，可以有效推动青海的旅游产品业态创新、发展模式变革、服务效能提高，促进旅游业转型升级、提质增效，体现旅游管理、服务和营销的“智慧化”。

五、建设牦牛藏羊追溯全覆盖体系

2019年制定了《青海省牦牛藏羊原产地可追溯工程试点建设实施方案》，在

兴海县、祁连县、刚察县等10县200个合作社（规模养殖场）和10个屠宰加工企业启动了牦牛、藏羊原产地可追溯试点。完成了省、州、县三级牦牛、藏羊追溯平台建设和信息采集点、系统集成等软硬件设备采购安装和人员培训等工作，全面进入耳标佩戴、信息采集录入和建档立卡阶段。2020年将牦牛藏羊追溯体系试点扩大到6州牧区的共和、同德、海晏、格尔木德令哈等20个纯牧业县（半农半牧业县），380个合作社（规模养殖场）、111个乡镇农牧业技术服务部门、20个屠宰加工企业，对350万头只商品牦牛藏羊和种畜开展原产地追溯，为实现我省牦牛藏羊产品绿色有机认证和形成优质优价机制奠定基础。目前有机农畜产品追溯体系建设已覆盖39个县（市、区）。

六、三江源国家公园创新生态管护员“一户一岗”制度

三江源国家公园创新推行生态管护岗位“一户一岗”制度，17211名生态管护员持证上岗，在最大限度保护自然资源的同时，推动牧区蓬勃发展。三江源国家公园在原有林地、湿地等单一生态管护岗位的基础上，推进统一化管理、网格化巡查，构建了“点成线、网成面”的管护体系。园区内53个村，每一户都设置了一名生态管护员，生态管护员每年有21600元的固定收入。“一户一岗”制度真正让老百姓端上了生态碗，吃上了绿色饭，使他们从以前的草原利用者变成了生态的守护者，人人共建、人人参与生态保护的格局也正在形成。

七、青海省逐步推进排污权有偿使用和交易

青海省将污染物排污权交易和有偿使用制度建设纳入《青海省生态文明制度建设总体方案》，自2014年7月首次主要污染物排污权竞买交易会成功举办以来，全省排污权交易政策制度体系不断完善，排污权有偿使用和交易不断规范。2022年共举办22场排污权交易竞买活动，主要污染物排污权交易14427.63万吨，交易金额10849.18万元。排污权交易促使企业治污由被动变主动，由末端治理向源头控污转变，有力促进了全省污染物总量控制制度的落实和全省经济发展方式的转型。

八、海南州大力推进清洁能源开发利用

“世界清洁能源看中国，中国清洁能源看青海，青海清洁能源看海南”。海南

州累计投资1375亿元，建成清洁能源并网装机容量2094万千瓦，占全省的52%。2022年全年发电量406.01亿千瓦·时，本地消纳10.67亿千瓦·时，外送394.34亿千瓦·时。围绕构建以新能源为主体的新型电力系统，建成750千伏变电站3座、330千伏汇集站16座，开工建设红旗750千伏变电站和5座330千伏汇集站。目前，在建和新增核准清洁能源项目2220万千瓦，初步形成了水、风、光、储、热“五位一体”清洁能源发展新格局。塔拉滩光伏发电园区、龙羊峡水光互补发电站获吉尼斯世界纪录认证，成为全球最大装机容量的光伏发电园区和水光互补发电站。全年固碳可达2.75万吨，节能1430万吨标煤，减排烟尘1827吨，减排二氧化碳4342万吨，减排一氧化碳3831万吨，减排二氧化氮16.45万吨。

九、西宁市“碳积分”引领绿色生活方式

西宁市积极开展绿色低碳全民行动。在全省乃至西北地区率先开展碳积分制工作，创建碳积分运管平台。“碳积分”小程序搭建了低碳公益、出行、教育、社区、消费五个场景，累计注册用户超过3.05万人，公众累计认购低碳公益碳汇树木2403棵，实现二氧化碳减排量6.63万吨，全场景总计实现二氧化碳减排量23.35万吨。

十、海东市建设“双碳”教学基地

2023年7月，中共海东市委组织部、中共海东市委党校认定青海碳谷信息科技有限公司双碳培训中心为海东市双碳教学基地。双碳教学基地设双碳政策管理课程、碳汇资源管理课程、零碳城市发展与管理课程、零碳信息资源管理课程、农业经济与碳管理课程、碳市场运营管理课程和碳中和专业从业技术课程等课程。基地积极探索“双碳”产学研融合路径，从构建“双碳”人才培养体系、搭建“双碳”科技研发平台、开展“双碳”学术研讨交流等方面取得突出成效，为经济绿色低碳转型和高质量发展提供教育培训支撑，为“双碳”战略实施提供高素质技术人才保障和智力支持。

十一、玉树州开展全域无垃圾专项行动

自2021年8月起，玉树州在全省率先开展了全域无垃圾专项行动。全州累计出动40万余人次，清理各类垃圾50万余吨，依法拆除私搭乱建、违规建筑

500余起，清理牛皮癣及破旧横幅2000余处，发放“门前三包”通告2000余张，整治流浪牲畜500余头，清理旧经幡20000余处，整治玛尼经石乱摆放3000余处，及时有效处置可可西里青藏公路沿线五道梁及不冻泉垃圾问题。全州城乡生活垃圾无害化处理率达99.2%，城镇污水处理率达94.7%，90%以上的乡镇实现了垃圾无害化处理，90%的村做到了垃圾分类回收。玉树州立足垃圾资源化再利用，投入206万元，吸收环卫公司31名持证残疾人，每年垃圾分类回收资源化利用1400余吨，收益240余万元。

十二、海北州刚察县开发VCS+CCB草原碳汇项目

2022年9月，刚察县与龙源（北京）碳资产管理技术有限公司签订草原碳汇开发合作协议，在国际核证碳标准（VCS）和气候、社区、生物多样性标准（CCB）下开发刚察县域内碳汇项目，碳汇量合计5年。国际核证碳标准（VCS）是国际上使用最广泛的自愿减排标准，由气候组织（CG）、国际排放交易协会（IETA）和世界经济论坛（WEF）于2005年共同创建。开发的碳汇量主要用于企业碳中和，履行社会责任，买方主要来自西方发达国家。截至目前，项目设计文件（PD）已编制完成并进入公示阶段，初步核定刚察县可开发VCS+CCB草原碳汇项目总面积6.42公顷，由2019~2022年草原修复项目构成，预计年可产生碳汇量13万吨，可实现碳汇收益约390万元。项目已完成资料收集、项目评估、社区基线调查等环节，为下一步碳汇量签发和交易奠定了坚实的基础。

十三、果洛州建设全省首个近零能耗建筑

果洛州增压增氧活动中心是青海省首个被评定为3星级公共绿色低能耗建筑物。由果洛州农牧科技局开工建设，建设地点位于青海省果洛州玛沁县大武镇境内。项目总用地面积为1200平方米，总建筑面积669.91平方米，建筑占地面积466.98平方米。建筑层数为地上2层，活动中心包括羽毛球馆、氧吧、休息室及配套用房。该项目的暖通空调、照明能耗相当于基准建筑的10.2%，相对现行公建节能设计标准的节能率为89.8%，达到近零能耗建筑标准。该项目充分利用制氧设备的预热和太阳能热，改善空气源热泵工况，采用热回收效率大于75%的新风机组，结合当地丰富的太阳能资源和风能资源，尽量减少化石能源消耗。通过被动式建筑设计和可再生能源利用，建造增压、增氧、温度适宜的室内环境。

十四、全省首艘锂电池驱动新能源船舶在黄南州下水运营

2022年2月，“瑶池号”作为我省首艘新能源锂电池船舶在李家峡库区开始建造，该船由中国船级社审图，中电建（西安）港航船舶科技有限公司建造。船舶采用36个宁德时代锂电池包组成的电力单元为全船供电，航行于内河B级航区，属客渡船。2023年3月，该船建造完成，经CCS中国船级社完成船舶适航实验后交付给青海热贡文化保护与开发有限公司，同年8月正式下水运营。“瑶池号”客渡船设计总长29.2米、宽7.2米，设计吃水1米，核定乘坐150人，配置2组锂电池驱动2台75千瓦的助推电机，航速约为16千米/时，续航力约6小时，该船为青海省首艘新能源船舶。

十五、黄南州实施黄河流域尖扎至同仁段生态修复综合治理项目

2022年3月，黄南州藏族自治州黄河流域尖扎至同仁段生态修复综合治理项目获得林业改革发展资金支持。该项目总投资3亿元，申请中央财政补助2亿元。项目总规模43.54万亩，其中：乔木造林1.84万亩、灌木林地造林3.70万亩，退化林修复7.09万亩、封山育林1.44万亩，人工种草0.57万亩、封山育草28.90万亩。绿化给水管网建设3.88万亩。项目建设期限为2022~2023年。通过项目建设可以新增造林5.54万亩，预计可减少入黄泥沙量5.9万吨，储备碳汇资源2.86万公顷，促进生态旅游产值增加3亿元，可带动地方劳动力新增就业2万人次，实现生态效益、经济效益和社会效益的共赢。

十六、西宁市推动南川河横向生态补偿

2018年12月，西宁出台《南川河流域水环境生态补偿方案》，构建县区级横向补偿为主的水量水质一体式生态补偿机制。按照“保护者收益、使用者补偿、污染者受罚”原则，和“水库水量补偿+监测断面水质补偿”相结合的方案，在南川河设老幼堡、奉青桥、六一桥、七一桥4处水质监测断面，分别确定责任主体为湟中区政府、南川工业园区管委会、城中区政府、城西区政府，以各断面每月达标情况作为补偿依据，构建以水质、水量为关联双要素的跨界断面横向补偿机制。该机制有效推动了南川河流域生态环境质量改善，湟水流域（西宁段）出境断面水质持续向好。2019年和2020年，大南川水库分别向南川河供水681.22万立方米、700万立方米，均超过目标供水量，全市先后发放补偿资金1056.05万元。

十七、海东市班彦村建设零碳乡村

国网海东供电公司和青海碳谷信息科技有限公司助力“全国脱贫攻坚楷模”——海东市互助县班彦村建设零碳乡村。2022年国网海东供电公司在班彦村启动全绿电零碳能源互联网示范村建设，计划通过建设分布式光伏、用户侧储能、小型生物质电厂以及源网荷储配电网一体化智慧能源管控平台等项目，构建以台区为单位“自发自用、余电上网”模式的并网型微电网，打造全时段电能绿色供应的村级新型电力系统。项目全部建成后，将每年减少二氧化碳等温室气体排放量约267.8吨。2023年青海碳谷信息科技有限公司在班彦村启动碳排放核查工作，从生物质转化利用，清洁能源车辆及充电设施，林草碳汇，养殖后端处理等方面，推进班彦村打造近零碳乡村示范区。

十八、海东市碳资产本底调查“一张图”系统

2023年2月，青海碳谷信息科技有限公司受海东市发改委委托，对全市各区县全领域开展碳汇资源本底调查和评估工作，在项目资料分析、现场勘测、采样化验、数据模型建立、数据汇算的基础上，评估可利用碳汇资源和减排量资源储量及分布，并通过数据可视化技术建立了海东市碳资源本底调查“一张图”系统。该系统实现了全域可利用碳资源可视化展示和管理，通过GIS系统展示碳资源储量及分布，通过数据模型分析展示行业碳资源储量及分布，通过数据报表技术实现全方位数据类型管理资源。该系统及数据资源为海东市企业碳履约、双碳目标推进和重点产业绿色低碳转型提供了有效的技术支撑。

十九、海东市绿色电力碳资产交易

自2022年以来，海东市委托第三方成功进行2例绿色电力碳资产交易。青海碳谷信息科技有限公司零碳经济服务中心，主要负责办理碳资产相关的技术咨询、委托开发、委托交易、金融等前台业务。2021年3月，该中心受青海省发展投资有限公司委托，对其旗下50兆瓦风电基地和50兆瓦光伏基地进行碳资产研究开发工作。经为期10个月的开发后，2022年5月，成功与青岛一钢构生产企业达成交易订单，交易1万张当量绿色电力碳资产；同年10月，又成功与新加坡一企业达成交易订单，交易4.6万张当量绿色电力碳资产。这两笔交易均为自主在省内完成的全流程碳交易业务。

二十、西宁公铁联运枢纽中心项目

2022 年 3 月，青海欧璐国际物流有限公司和青海青藏铁路物流有限公司共同出资，正式注册成立了“青海公铁智联有限公司”，通过与青藏铁路公司协商，在多巴新区物流小镇范围内协同打造 3 平方千米现代物流产业“产城融合”核心枢纽，大力推进公铁联运，有效推动西宁市专业物流市场整合集中，形成大型智能物流专业市场集群。枢纽中心实现运输资源高效整合和运输组织的无缝衔接；公铁联运能耗低，污染物排放少，能够保证货物在运输过程中不污染环境，具备低碳绿色环保优势。当集装箱利用率为 70% 和 50% 情况下，与公路运输相比，每年能耗可降低约 5008 万吨标准煤和 3827 万吨标准煤，碳排放可减少约 12.16 万吨和 9.30 万吨，节能减排效果明显。

二十一、海南州“光伏产业＋绿色养殖＋生态保护”项目

海南州充分发掘清洁能源对发展经济、保护生态、改善民生、促进民族团结的积极作用，积极探索构建“光伏产业＋绿色养殖＋生态保护”的产业融合发展模式。已建光伏电站的园区内风速降低 50%，土壤水分蒸发量减少 30%，植被盖度恢复到 80%，五年间全州沙化土地恢复 1.49 万公顷。依托光伏园区植被恢复且生长过盛的牧草地，在不影响草木生长、发电安全的前提下，通过控制光伏组件横向间距，提升组件离地高度，在光伏园区所有项目建成后，预计种草面积达 4.5 万公顷，年产草量 11.8 万吨，可养殖近 8 万羊单位，按每年 55% 出栏率计算，年均增收可达 6000 万元。

二十二、龙羊峡水光互补光伏电站

黄河上游水电开发有限责任公司龙羊峡水光互补光伏电站位于海南州千万千瓦级新能源基地（一区两园）光伏园区，总装机容量 85 万千瓦，占地面积约 25 平方千米。龙羊峡水光互补光伏电站作为龙羊峡水电站的“编外机组”，通过水轮机组的快速调节，将原本光伏间歇、波动、随机的功率不稳定的锯齿形光伏电源，调整为均衡、优质、安全、更加友好的平滑稳定电源，以两个电源组合的电量，利用龙羊峡水电站的送出通道送入电网。龙羊峡水光互补项目 1 期工程装机容量为 32 万千瓦，2 期工程装机容量为 53 万千瓦，主设备为单晶硅电池组件，逆变器为 500 千瓦型。水光互补光伏电站年均发电量 14.94 亿千瓦时，相当于节

约标准煤的46.46万吨，减少二氧化碳排放约122.66万吨，二氧化硫3944.16吨，社会生态环境效益显著。通过水光互补，龙羊峡水电站送出线路年利用小时由4621小时提高到5019小时，提高了水电站送出线路的经济效益。

二十三、海西州多能互补集成优化国家示范工程

海西州多能互补集成优化国家示范工程，由青海格尔木鲁能新能源有限公司投资建设，位于青海省格尔木市东出口光伏园区，装机容量50MW/100MW，于2018年12月25日并网投运，同时作为青海省第一家储能电站从2019年6月9日开始参与青海电力辅助服务市场。项目总装机容量70万千瓦，其中光伏20万千瓦、风电40万千瓦、光热5万千瓦及储能5万千瓦，是世界上首个集风光热储调荷于一体的多能互补科技创新项目，工程共计投资63.16亿元，年发电量约12.63亿千瓦时，每年可节约标准煤约40.15万吨。该项目是国内首个电源侧接入的百兆瓦时级集中式电化学储能电站，也是国内最大的电源侧集中式电化学储能电站、国际最大的虚拟同步机电化学储能电站、世界上容量最大的“风光热储调荷”虚拟同步机示范工程，还是全国首个参与共享储能市场化交易的储能电站。

二十四、海西州清洁能源取暖工程

2021年以前，海西州城区供暖主要以集中供热为主；县城取暖方式以燃煤锅炉为主，电、天然气、空气源热泵为辅，清洁取暖率仅为28.8%；农牧区取暖基本上以燃煤散烧方式为主，清洁取暖率仅为1.7%。自2022年以来，海西州结合农牧区资源禀赋和基础设施条件，采用高效的生物质炉、低温空气源热泵等技术，充分发挥当地风光绿电优势，采取清洁取暖“荷储源网”、特许经营等建设模式。目前海西州清洁取暖示范项目总投资规模达23.79亿元，已完成热源清洁改造面积325.17万平方米，建筑节能改造面积282.36万平方米。2022年度州空气优良率达到97%以上，全州清洁取暖工作惠及群众超过20万人。

二十五、海北州祁连县采煤沉陷区155兆瓦光伏项目

2023年8月，由南水北调（祁连）能源开发有限公司建设的海北州祁连县采煤沉陷区155兆瓦光伏项目举行开工仪式。该项目计划总投资约11.2亿元，

共计4个项目分两期实施。一期投资建设海北州祁连县采煤沉陷区默勒煤矿3万千瓦光伏项目、海北州祁连县采煤沉陷区央隆乡5.5万千瓦光伏项目；二期投资建设海北州祁连县采煤沉陷区野牛沟乡3万千瓦光伏项目、海北州祁连县采煤沉陷区野马嘴工业园区4万千瓦光伏项目。其中默勒项目和央隆项目的道路和场平部分已申请中央预算内补助资金4065万元，计划于2024年12月31日前全部实现并网发电。该项目既有效解决了沉陷区治理问题，又解决了光伏占地面积大、土地资源紧张问题，实现经济与民生、产业与生态的良性互动发展。

二十六、果洛州玛尔挡水电站

玛尔挡水电站位于海南州同德县与果洛州玛沁县交界处的黄河干流上，是黄河干流龙羊峡上游湖口至尔多河段规划推荐开发的第12个梯级，是国家“十四五”重点能源项目。玛尔挡水电站静态总投资174亿元，动态总投资达242亿元，其中环保总投资约12亿元，电站施工总工期为8年。电站采取堤坝式开发，具有季调节性能；电站总装机容量220万千瓦，其中生态机组装机容量12万千瓦，电站多年平均年发电量73.04千瓦·时，年利用小时数3206小时，是西电东送清洁能源大通道的骨干电源点。预计每年可实现发电效益约18.55亿元。按照多年平均发电量73.04亿千瓦·时计算，每年可节约标准煤耗约248万吨，可减少CO_2排放量约792万吨、减少SO_2排放量约2.95万吨、减少CO_2排放量约711吨、减少NO_2排放量约3.09万吨、减少烟尘等有害物质的排放量约3.63万吨。

后　记

党的二十大报告作出了“积极稳妥推进碳达峰碳中和”的重大部署，党的二十届三中全会将“健全碳市场交易制度、温室气体自愿减排交易制度，积极稳妥推进碳达峰碳中和”确定为全国深化生态文明体制改革的一项重要任务。青海省地处“地球第三极”，具有特殊的生态地位、特定的经济水平和特有的社会结构。为此，中国共产党青海省第十四次代表大会强调，“青海有责任、有基础、有能力为国家‘双碳’目标作出贡献”，并提出了“科学有序推进碳达峰碳中和”的总体目标。“科学有序推进碳达峰碳中和”由此成为“六个现代化新青海”建设的重大要求和青海省经济社会发展的重大战略。

本书以应对气候变化为背景，立足于青海特定的生态、经济和社会结构，围绕青海省碳达峰碳中和的基本规律和实现路径这一主题，通过测算碳排放与碳汇量，阐述净碳收支的影响因素和作用机理，绘制青海省碳达峰碳中和路线图，并分析不同利益主体的行为选择，结合实际提出青海科学有序推进碳达峰碳中和的应对策略和现实路径，为青海省现代化建设和生态文明高地建设提供参考借鉴。

当前，青海正在围绕建成碳汇净盈余输出地为目标，大力推进高水平国家清洁能源高地、智能化世界盐湖基地、青海绿色算力基地、传统产业转型示范区建设，发展新质生产力，全面打造青藏高原生态文明建设高地。衷心希望青海在科学有序推进碳达峰碳中和上蹚出更多新路，推出更多经验，创造更多业绩，为青藏高原现代化建设提供更多有益借鉴。

感谢国家自然科学基金项目（42461034）以及青海省“揭榜挂帅”重大社科项目（JB2301）对本书的资助，感谢中国社会科学院长城学者，中国社会科学院二级研究员，中国社会科学院大学应用经济学院教授、博士生导师，中国生态经济学学会第九届、第十届理事会副理事长兼秘书长于法稳百忙之中为本书作序。

感谢硕士研究生黄蕾、郭玮、贾天朝、祁登菊、何福杰、丁茹等为本书所做的贡献。

感谢青海民族大学党委宣传部、科研管理处、经济与管理学院、双碳研究院的大力支持，感谢经济管理出版社的大力支持，感谢各位编辑的辛勤付出。

胡西武

2024年8月7日